집콕 육아 따라하기

집콕 육아 따라하기

발행일	2021년 12월 1일		
지은이	문영		
펴낸이	손형국		
펴낸곳	(주)북랩		
편집인	선일영	편집	정두철, 배진용, 김현아, 박준, 장하영
디자인	이현수, 한수희, 김윤주, 허지혜, 안유경	제작	박기성, 황동현, 구성우, 권태련
마케팅	김회란, 박진관		
출판등록	2004. 12. 1(제2012-000051호)		
주소	서울특별시 금천구 가산디지털 1로 168, 우림라이온스밸리 B동 B113~114호, C동 B101호		
홈페이지	www.book.co.kr		
전화번호	(02)2026-5777	팩스	(02)2026-5747

ISBN   979-11-6836-043-3 13590 (종이책)   979-11-6836-044-0 15590 (전자책)

집콕 육아 따라하기

문영 지음

북랩 book Lab

책을 엮으며

✿

지금은 할머니 육아 시대입니다. 할머니가 아이들을 돌봐주지 않으면 젊은 엄마는 직장을 그만두어야 하는 상황에 부닥치게 됩니다. 요즈음은 24시간 육아 돌보미 제도가 있으나 비용도 만만치 않은 데다 매스컴에 보도되는 육아 관련 뉴스를 접하게 되면 여간 불안한 게 아닙니다. 아직 기반이 잡히지 않은 채 사회에 던져진 젊은 엄마는 친정으로 시댁으로 도움을 청할 수밖에 없습니다. 그러나 할머니의 육아 부담은 신체적으로 무리가 아닐 수 없습니다. 좀 더 큰 아이들의 육아는 소통의 문제가 발생하기도 합니다. 세대 간의 이해 부족에서 오는 것이겠지요.

내가 손주들 돌보러 큰아들네 옆으로 이사 간다고 했더니 지인들은 적극 말렸습니다. 힘만 들고, 좋다는 소리 못 듣는다고. 어려움에 처한 아들 내외를 돕기 위해 선택한 일이지만 손주 녀석들을 가까이서 돌보지 않는다면 내가 죽은 뒤 누가 나를 기억해 주겠느냐는 생각이 들어 망설이지 않고 결정했습니다. 기억하는 것은 그리움이고 사랑인데, 손주 녀석들이 나를 기억해 주면 그 아이들의 마음속에서 나는 오랫동안 추억으로 살아남을 수 있다는 이기심이었지요.

사람들 말대로 처음 1년은 바쁘고 정신없이 보냈습니다. 다른 할머니들과 같이 시간 맞춰 아이들을 유치원과 학교에 보내고, 오후에 마중 나갔습니다. 나보다 훨씬 젊어 아줌마 같은 할머니들이었지만 많은 할머니들이 육아를 맡고 있었습니다. 할머니 육아 시대입니다.

　　아이들을 돌보며 정신없었던 일도 있고, 화가 나는 일도 있었지만 그건 잠시였습니다. 녀석들 때문에 웃고, 눈에 넣어도 아프지 않을 만큼 예뻤습니다. 나는 그 모습들을 카메라에 담고 블로그에 글을 올렸습니다. 2019년 1월에 시작하였고 지금까지 이어오고 있습니다.

　　그런데 갑자기 코로나19란 놈이 맹위를 떨치며 우리 위에 군림하는 바람에 아이들은 방안에 갇혀 답답하고, 아이를 돌보는 가족들은 더 힘들게 되었습니다. 부모는 직장에, 놀이터는 금줄로 쳐져 있으니 아이들은 너무너무 놀이가 고픕니다.

　　내가 아이들과 놀며 지낸 이야기를 책으로 내서 나같이 손주들을 처음으로 돌봐서 어떻게 놀아줘야 할지 난감한 할머니나 엄마들에게 도움이 되었으면 하는 생각에 그동안의 글과 사진을 모아 책으로 엮어 봅니다.

이 책은 4부로 나누었습니다만, 연차적으로 글을 실었으니 부에 큰 의미는 없습니다. 그렇지만 엮고 보니 1부는 아이들과 적응해가는 과정의 이야기가, 2·3부는 아이들과 놀이한 이야기가 주로 수록되어 있고, 4부는 아이들과 내가 한발씩 성장해가는 과정의 이야기로 이루어졌다는 것을 알게 되었습니다.

마지막으로 큰 녀석의 생일에는 못했지만, 돌아오는 작은놈의 생일에는 이 책을 선물로 주고 싶습니다.

2021년 12월 1일

문영 올림

목차

2부

아이들은 망토를 좋아해

3부

빨간 모자 공연 중

4부

나를 기다리는 사람

낯익히기

✦ 육아와 직장생활 (2019.02)

큰아들의 첫아이가 올해 초등학교에 입학합니다. 아들 내외는 아이가 입학할 때가 되자 걱정하는 눈치였습니다. 오랫동안 돌봐주시던 외할머니의 건강이 부쩍 나빠지셔서 더 이상 아이들을 돌볼 수 없게 되었답니다. 아들은 아무래도 애들 엄마가 직장을 그만두어야 할 것 같다는 말을 내비쳤습니다. 며느리에게 직장에 계속 다니라고 할 수도, 엄마는 아이 키우는 것이 최고라며 퇴직을 종용할 수도 없다고 말했습니다.

아들과 며느리는 같은 직장에 다닙니다. 며느리는 아이를 둘 낳는 동안 육아 휴직을 두 번이나 했고, 걸핏하면 연차를 써서 인사고과가 늘 바닥을 맴돈다고 합니다. 그런데 직장까지 그만둘 상황이 되어 아들은 많이 미안했나 봅니다.

여자가 결혼하여 아이 낳아 기르는 것도 중요하지만 인생의 목표를 이루어 가는 것도 중요한 일이라고 생각합니다. 남자도 마찬가지일 텐데, 여자라는 이유로 육아를 맡아야 하고, 하던 일을 그만둬야 한다는 것은 가치관의 차이는 있겠지만 나는 옳지 않다고 봅니다.

3월부터 손녀를 돌보기로 했습니다. 우리는 저층에 집을 구했습니다. 아들네는 같은 라인의 다른 층으로 이사했고요. 이웃 사람들은 '손주 못 봐.' 하며 말렸습니다. 고생하고 좋은 소리 못 듣는다고 조언합니다. 그러나 이만큼 자라는 동안 사돈이 맡아 돌봤는데, 힘들다고 시작도 안 해보고 나 몰라라 할 수는 없었습니다.

아들 내외도 미안한 모양입니다. 작은 아이는 베이비시터에게 계속 맡길 테니, 학교에 가는 큰아이의 등하교와 학원 이동을 도와달라고 했습니다. 세상이 너무 험악해 마음을 놓을 수 없다고 합니다. 내 생각 역시 그렇습니다. 참, 새벽에 집을 나서는 아들 내외 대신 아이들의 아침밥도 챙겨 먹여야겠지요.

내 나이가 많아 아이를 잘 돌볼 수 있을지 걱정입니다. 에너지가 넘쳐서 노는 일에 열중하여 잠도 잘 자지 않는 녀석을 감당하려면 체력이 강해야 할 텐데 큰 걱정입니다. 미리 건강검진을 받았더니 큰 이상은 없었지만 퇴행성 관절염으로 무릎이 아픈 것 때문에 걱정입니다.

교직에 복직하여 12년 동안 열심히 가르쳤습니다. 아이들은 내가 담임했을 때가 가장 행복했다고 말해주었습니다. 퇴직하고 10년 가까운 기간 동안 한글 모르는 할머니들에게 한글을 가르쳤습니다. 할머니들은 쉽고 재미있게 가르쳐준다고 좋아하셨습니다. 이제 뒤늦게 손녀를 돌보는 일을 하게 되었는데, 10년까지는 어림없습니다. 그렇지만 건강이 허락되는 동안 돌볼 예정인데, 아이가 후에 할머니와 같이 보낸 시간이 참 행복했다고 말해주기를 바라는 것은 욕심이겠지요?

풀잎 배야, 동 동 동

✦ 육아일기 (2019.03)

　며느리는 좀 더 일찍 퇴근하기 위해 새벽에 집을 나서고, 아들은 그보다 한 시간 늦게 출근합니다. 저녁에는 7시가 조금 넘은 시각에 며느리가 먼저 귀가하고, 아들은 하루걸러 야근 빠르면 9시 반 퇴근입니다.

　잠든 자식들의 뺨에 뽀뽀하고 출근하는 아들 내외가 안쓰럽습니다.

　'학교에 잘 다녀오겠습니다.'

　인사하고 달려가는 아이들의 뒤에 대고

　'선생님 말씀 잘 듣고, 친구들과 사이좋게 놀아라.'

　하는 말을 전하는 다른 부모의 평범한 행복을 누리지 못하는 아들 내외가 안 됐습니다.

　엄마 아빠의 배웅을 받지 못하고 학교로, 어린이집으로 가는 녀석들도 애잔합니다. 가족과 행복하게 살기 위해 고생하면서 가장 행복한 시간을 놓치고 사는 아들네 가족을 보는 것이 마음이 아픕니다.

✦ 월수목금 병 (2019.04)

큰 녀석이 초등학교에 입학한 지 한 달가량 지났습니다. 녀석이 책가방을 짊어지고, 신발에 추를 매단 발걸음을 떼다 입을 엽니다.

"학교 가기 싫어요."

월요일 아침이면 가끔 이 말이 나옵니다. 토요일, 일요일은 아빠 엄마와 행복하게 지낸 여운이 남은 데다 체력이 약한 아이는 늘 월요일은 버거워합니다.

"아빠도, 엄마도 마찬가지야. 다른 사람들도 월요일에 직장이나 학교에 가기 싫어한단다. 그래서 월요병이란 말이 생겼지."

"나는 월요병이 아니고 '월화수목금 병'이에요. 아니다, 화요일은 줄넘기 배우러 가니까 화요일을 빼고 '월수목금 병'이다."

먹는 것이 시원치 않아 몸이 허약하여 병원 신세를 자주 지는 녀석은 학교생활이 버거운가 봅니다. 아니 키가 작다고 반 아이들이 따돌리는 것은 아닌지 걱정됩니다.

엉덩이까지 내려오는 무거운 가방, 땅바닥에 끌릴듯한 신발주머니, 이제 시작인데 우리 아이가 잘 먹고 건강해져서 학교생활을 즐겁게 할 수 있었으면 좋겠습니다.

✦ 우리 가족 (2019.04)

작은 녀석이 저는 못 그리니 할머니가 우리 가족을 그려달라고 합니다.

"너희 가족이니까 네가 그리는 거야."

처음에는 못 그린다고 주저하더니 쓱쓱 대담하게 그리는 모습이 예쁘고 대단해서 사진을 찍어두었습니다.

덤덤한 아빠, 애교 있는 엄마, 머리가 길고 얼굴이 작은 언니, 그리고 늘 언니한테 기죽어 사는 자신을 금방 느낄 수 있게 표현하였습니다. 자기 얼굴 옆에 붙어 있는 나뭇잎 같은 것은 언니의 주먹이라고 합니다. 지금 언니한테 맞아서 울고 있답니다.

훌륭한 크로키 작품이 되었습니다. (저 팔불출이지요?)

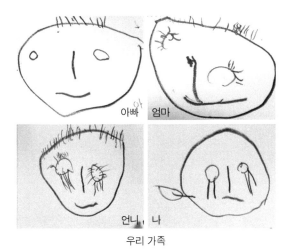

우리 가족

✦ 낯익히기 (2019.04)

큰아이는 어릴 때부터 무척 낯을 가렸습니다. 제 엄마, 아빠, 외할머니, 외할아버지를 제외한 다른 사람은 얼굴만 봐도 울어댔습니다. 좀 철이 든 뒤는 친가 쪽 사람들도 싫어하지 않았지만 낯선 사람을 싫어하고 새로운 것에 두려움을 느끼는 조심스러운 성격은 여전합니다.

할머니인 나와 친해지게 된 것은 우리 집에 오면 내가 유치원 동화구연강사로 활동할 때 사용하던 교구들이 많아 그것이 놀잇감이 되었고, 같이 놀았기 때문입니다.

나는 그동안 손녀와 손자들에게 무심했습니다. 너무 바쁘게 살았기 때문이지만 아이들에 대한 사랑을 살갑게 표현하지 못하는 성격 탓도 있습니다. 어느 사이 외손주들은 부쩍 커버려 할머니의 정이 필요 없는 나이가 되었습니다.

친손주들과도 데면데면한다면 할머니를 기억해 줄 손주나 있을지 걱정되었습니다. 내가 아이들을 돌보겠다고 한 것은 일에 바쁜 아들 며느리를 돕는다는 이유가 가장 크지만 내 나름대로는 아이들에게 할머니를 기억시키려는 작전이기도 했지요.

할머니는 추억입니다. '할머니' 하면 옛날이야기 같고, 마음 훈훈해지는 고향 같습니다.

아침 등굣길에 조가비같이 조그만 손을 잡고 걸으며 꽃에 얽힌

전설을 들려줍니다. 집에 오면 학교 놀이의 학생이 되어주기도 하고, 소꿉놀이의 아기가 되었다, 엄마가 되었다, 아이들이 원하는 역할을 바꾸어 가며 같이 놉니다. 유치원에 다니는 녀석은 그림책의 그림을 읽어주고, 1학년짜리는 페이지를 나누어 번갈아 읽어나가기도 합니다.

　등교 도우미는 두어 달로 그치려 했으나 5월까지는 계속해야 할 듯합니다. 5월 5일은 어린이날이고, 그때부터는 '너도 어린이이니 스스로 해야 한다.'라고 주입 시키고 있습니다. 그 안에 내가 좋아하는 꽃과 풀 이야기를 많이 들려주어야겠습니다.

민들레야, 반가워

✦ 나보고 닭고기래 (2019.04)

작은 녀석을 유치원 차에 태우려는데, 여섯 살 남자아이가 우리 손녀를 닭고기라고 놀립니다. 아이 엄마가 그러면 안 된다고 타이르는데도 말을 듣지 않고 반복합니다.

"애들이 쟤보고 다 닭고기라고 그래."

나는 교사에게 그 말을 전하며 아이는 모르니 아이 모르게 처리해 달라고 부탁했습니다. 그런데 다음날 다섯 살짜리 손녀가 말합니다.

"오빠들이 나보고 닭고기래."

아이 모르게 처리해주기를 바랐는데 여의찮았던 모양입니다.

제 엄마가 왜 그런 소리가 나왔는지 유치원에 전화해서 까닭을 물었답니다. 머리를 가운데에 하나로 묶어주었더니 그것이 닭의 볏과 같아서 그렇게 놀렸다는군요.

머리를 짧게 깎아주어서 양 갈래로는 묶는 거보다 하나로 묶어주는 것이 깜찍하고 예쁘다고 제 엄마도 그렇게 묶어주었거든요. 앞머리가 눈을 가려 나도 그렇게 묶어준 것이 문제였습니다. 다음부터는 아예 묶어주지 않기로 했습니다. 대신 핀을 꽂아주었지요.

"이런 나쁜 놈들, 우리 이쁜 손녀가 왜 닭고기야. 만나기만 해봐라, 이놈. 제 놈들은 머리가 짧으니 돼지인가?"

우리 아이가 히히 웃습니다.

나, 닭고기 아니야

✦ 내가 육학년이면 (2019.04)

아이들이 다 빠져나간 1학년 동사 앞에서 손녀를 기다려도 나오지 않아 교실로 올라갔습니다. 막 교실을 나서던 녀석은 가방을 내게 떠넘기고 화장실로 달려갑니다.

화장실 문 앞에 내가 서 있는 것을 확인한 녀석이 안에서 갑작스러운 질문을 던집니다. 어제 금붕어 한 마리가 상태가 좋지 않다며 따로 분리해 놓은 것을 보고 저와 내가 나눈 대화가 갑자기 떠올랐던 모양입니다. 녀석이 슬픔이 밴 목소리로 말합니다.

"나는 죽는 거 싫어. 금붕어 죽으면 어떻게 해."

"아빠가 따로 분리해 놓고 치료 약도 주었을 거야. 괜찮을 거야. 그런데 죽어도 어쩔 수 없어. 모든 생물은 죽는단다. 그래야 그다음 또 다른 자손들이 자랄 수 있는 거야."

만약 물고기가 죽는 경우 아이가 상심할까 봐 안전 막을 처둔 것이지요.

"나, 육 학년이면 할머니 몇 살이야?"

"글쎄?" 나는 잠깐 망설였습니다.

"너는 육 학년이면 몇 살일까?"

나는 이야기의 방향을 바꾸고 싶었습니다. 죽음을 두려워하지는 않았으나 구체적으로 내가 언제쯤 죽을 것인지 아직 생각해보지 않았기 때문이지요.

"내가 지금 여덟 살이니까 육 학년 되면 열세 살이네."

"할머니는 지금 몇 살이야?"

"칠십삼."

"그럼 할머니는 칠십팔 살이네."

아이는 빠르게 계산하여 할머니의 오 년 뒤 나이를 알아맞힙니다.

나는 뭐라고 대답해야 할지 잠깐 또 생각합니다.

"글쎄, 그 나이가 되면 죽을 수도 있겠구나. 그런데 나이가 많다고 다 죽는 것은 아니란다. 자신의 몸을 아끼고 건강을 위해 힘쓴다면 더 오래 살 수도 있지."

나는 우리나라 사람들의 평균수명을 생각하며 칠십팔보다 더 살 수 있을까? 평균수명까지는 살고 싶은 것인가? 생각해봅니다. 아이와 화장실에서 나눈 이야기입니다.

아이는 화장실에서의 용무가 끝났고, 지금 나눈 이야기에 관한 관심은 다른 곳으로 휙 날아가 버렸습니다. 나에게 질문 하나를 남겨둔 채.

✦ 월요일의 대소동 (2019.04)

월요일이면 한바탕 소동이 벌어집니다. 작은놈은 제 엄마와 같이 일어나 엄마와 작별 인사를 하고 들어왔는데, 훌쩍거리기 시작합니다.

"엄마 아빠가 있어야 좋아."를 반복하며 쫄쫄 울고 있습니다. 새벽 6시가 조금 넘은 시각에 일어났기에 한숨 더 잤으면 싶었습니다. 엄마가 벗어놓고 간 옷을 안겨주고 엄마의 침대에 눕히고 이불을 덮어 주었습니다. 훌쩍거리는 소리가 잦아들지 않기에 아직도 통근버스에 있을 엄마와 전화를 연결해주었습니다.

전화를 받고 나서야 눈물을 그쳤습니다. 마음이 가라앉았는지 언니 옆에 누워 뒤척거리다 일어났습니다.

큰 놈은 친구와 같이 가기로 했다고 기다렸습니다. 그런데 약속 시간이 지나도 오지 않자 전화를 합니다. 먼저 갔다는 전화를 받고 짜증을 내기 시작합니다. 그리고는 나더러 데려다 달랍니다.

데려다 달라더니 공연히 화를 내며 걸음이 느린 나를 떼어놓으려고 줄달음질 쳐 갑니다. 그러더니 화사하게 핀 매화꽃과 산수유꽃을 발견하고 꽃 사진을 찍으며 마음이 풀리기 시작했습니다. 전날 아침에 등교할 때 꽃 이름을 이야기해주었던 것을 기억했나 봅니다. 땅바닥의 풀꽃에도 관심을 두고 학교의 조그만 화단에 핀 제비꽃을 보고 아주 반가운 얼굴을 합니다. 이따 데리러 올 때 제비꽃

이야기를 해주겠다고 했습니다. 아주 좋아하며 꼭 해달라고 다짐합니다.

아침에 본 그 조그만 화단에 제비꽃하고 민들레꽃이 화사하게 웃으며 나와 손녀를 맞습니다. 아이도 반가운 얼굴로 민들레꽃 사진을 찍으며 빨리 민들레 씨를 후하고 불고 싶다고 합니다.

두 녀석의 제2 이유기를 같이하게 된 늙은 할미는 오늘도 녹초가 되었습니다. (* 제2 이유기-유치원, 초등 1학년 입학 무렵-내가 정한 것임)

엄마 옷을 끌어안고 울먹이는 작은놈

✦ 할머니의 고자질 (2019.05)

내가 고자질을 했습니다. 애들 엄마가 왔을 때 저녁에 있었던 이야기를 했지요. 아이들을 돌보러 오는 이모님한테 함부로 하는 것이 늘 마음에 걸렸는데, 오늘은 좀 더 심하다는 생각이 들었기 때문입니다.

큰 녀석은 영상기기를 독점할 권한과 채널 선택권이 저에게만 있다고 생각합니다. 다른 사람이 조금 큰 소리로 이야기하여 시청에 방해가 되면 소리를 지르고 주먹을 치켜듭니다. 그 주먹에 세 살 터울의 제 동생이 맞기도 하지요. 그래서 내가 오늘 총대를 메기로 한 것이지요.

내가 말문을 열자 이모님은 그동안 서운했던 일을 풀어놓습니다. 애 엄마는 큰 녀석의 버릇을 고쳐주겠다는 마음으로 꾸중을 합니다.

아이는 서럽게 울었습니다. '잘못했습니다.' 하는 대답이 나와야 하는데 정말 뜻밖의 말을 되풀이하며 울었습니다.

"나 공부할 테야."

공부 잘한다고 늘 칭찬을 받아왔던 녀석이 자신의 장점을 내세워 인정받고 싶어 하는 것은 아닌가 싶었습니다. 공부 잘하는 것보다 다른 사람들과 잘 어울려 이해하고 서로 도우며 사는 것이 더 중요한 일이라고, 엄마는 타이릅니다.

녀석은 다른 아이들보다 똑똑한 편입니다. 그러나 그 똑똑함이 공동생활을 해나가는 데 마이너스가 되지 않았으면 좋겠습니다. 아직 어려서 모르는데, 미리 바로잡아주겠다고 하는 것은 욕심이 겠지요. 서서히 공동생활을 익혀가며 나아지리라 믿습니다.

엄마한테 말하지 말라고!

✦ 다섯 살 손녀의 눈물 (2019.05)

다섯 살 손녀가 유치원에 가는 버스를 탔습니다. 늘 앉던 자리(창밖이 잘 보이는 쪽)에 앉았는데 다른 녀석도 그 자리에 앉고 싶었나 봅니다. 자리는 1인석이었습니다.

선생님은 두 아이가 같이 앉고 싶어 우는 줄 알고 2인석에 옮겨 앉혔습니다. 그런데도 우리 아이는 펑펑 웁니다. 옆에 앉은 짝은 어안이 벙벙한 얼굴입니다. 두 녀석은 제법 친한 사이거든요.

선생님이 우리 애의 뜻을 알았는지 처음의 자리에 앉혀 주었습니다. 아이는 눈물을 닦으며 손을 흔듭니다. 사랑의 표시로 두 손가락으로 하트를 만듭니다. 눈물이 그렁그렁한 눈으로 배시시 웃으며 말입니다.

"우리 아기, 아침에 유치원 차 타고 갈 때 왜 울었어?"
녀석이 저녁에 돌아왔을 때 물었습니다.
"할머니가 안 보여서 안녕도 못 하니까."
다른 쪽에 앉으면 할머니가 안 보여서 안녕을 할 수 없다고 했습니다. 자동차 좌측으로는 간혹 바쁜 차들이 지나가서 아이를 배웅하는 엄마, 할머니들은 출입문 방향에 서서 손을 흔듭니다.

나는 생각합니다. 아이들 돌봐주지 말고 자신의 인생을 살라고 말하던 지인들의 말이 틀렸다고. 누가, 나에게 손 흔들어주고 싶어서 눈물까지 흘려가며 할머니 보이는 자리에 앉으려 하겠습니까!
오늘 하루의 피로가 눈 녹듯 사라집니다.

할머니한테 안녕도 못 하잖아

✦ 때지 해? (2019.05)

양치질하는 작은놈에게 물었습니다.

"언니에게 맞으면 아프지?"

아무 대답이 없습니다.

큰 녀석과 작은 녀석은 싸우며 크게 마련입니다. 그러나 어른들은 작은 녀석이 맞는 것이 늘 안타깝습니다. 참견하지 말아야지 하면서도 큰놈이 작은놈에게 좀 더 살갑게 했으면 싶습니다.

대부분 잘 어울려 놉니다. 그런데 가끔 작은 녀석이 성질을 돋우거나, 제가 하는 일을 방해 당하면 큰 녀석의 주먹이 날아가기도 합니다. 그럴 때 제 잘못을 알기 때문인지 울지도 않고 참습니다. 그 모습이 안쓰러웠습니다. 크게 잘못한 일도 없는데, 왈칵 밀어버릴 때도 있습니다.

"언니에게 맞고 가만히 있지 말고 '언니, 아파. 하지 마.' 그렇게 말하는 거야."

아이는 아무 말 하지 않고 양치질만 합니다. 그리고 많이 생각한 모양입니다.

"때지 해?" 하고 묻습니다.

"아니, 그건 안 돼."

"때지 하면 언니도 똑같이 화나는 거야."

"언니, 아파. 하지 마. 그렇게 하는 거야."

아이가 어떻게 받아들였을지 궁금합니다.

우리 두 아들놈은 4년 터울이 지는데 어릴 때 다툼질이 심했습니다. 대부분 작은놈이 큰놈에게 기어들기 때문에 벌어지지요.

나는 동생이 어리니 편을 들 수밖에 없다고 말하며 큰놈에게 엄마 안 보는데 데리고 가서 실컷 때려주라고 했지요. 그 얼마 후 큰녀석이 정말 작은놈을 들판으로 데리고 가서 두들겨 주었고, 작은놈은 눈이 밤탱이가 되어 울고 불며 들어와 엄마 때문이라고 난리를 쳤지만 그렇게 서열이 정리되었습니다. 지금은 그렇게 말하지 못합니다. 내가 낳은 아이들도 아니고, 그런 말을 했다 다치기라도 하면 큰일이니까요.

때지 해?

✦ 저녁놀 (2019.05)

"할머니, 해가 숨었어요."

창밖을 내다보고 있던 다섯 살 손녀의 말입니다. 나도 손녀가 보는 곳을 따라 내다봅니다. 서쪽 산을 넘어가던 해가 잠깐 구름에 가려졌습니다.

"어? 해가 왜 숨었지?"

"언니가 때지 해서 숨었어요."

해님의 언니는 누굴까? 궁금해서 더 묻고 싶었지만 여기서 그쳤습니다. 동생과 내가 창가에서 이야기하는 모습을 보고 큰 녀석이 다가왔습니다.

"할머니, 망치로 팡팡팡 때려서 땅에다 박아 넣었어요."

"무얼 망치로 팡팡팡 했는데?"

"해를요."

"해를 어떻게 팡팡팡 했어?"

"아이참, 이렇게요."

큰 녀석이 일어서더니 제 머리를 툭툭 치면서 조금씩 키를 낮추는 흉내를 냅니다. 해가 땅 밑으로 사라지는 모양을 흉내 내는 것이었어요.

그런데 왜 망치로 팡팡팡 두들겼을까요? 동생의 해는 언니를 피하기 위해서 숨었는데, 언니의 해는 저 혼자 지지 않고 두들겨 넣어야 했을까요? 또 중요한 물음 하나를 놓치고 말았습니다.

다음날 왜 망치로 팡팡팡 해야 해가 떨어지느냐고 물었습니다. 해가 쑥쑥쑥 들어가니까 그렇답니다. 지는 해는 정말 쑥쑥쑥 진다고 할 만큼 빠르게 산을 넘어갑니다.

장미보다 더 예쁜

✦ 카트의 친구 (2019.05)

이틀 전부터 단지 앞에 있는 마트의 이름이 쓰인 카트가 아들네 집 바로 앞에 놓여있었습니다. 아들네가 물건을 나르느라 쓰고 미처 갖다주지 못했나 싶어 물었더니 아니라고 합니다. 가져다 놓은 사람이 다시 제자리에 갖다 놓겠지 했는데 이틀째 거기 있었습니다.

"할머니, 카트가 심심해요. 친구들 만나고 싶어 해요."

다섯 살 손녀가 걱정합니다. 있어야 할 곳이 아닌 곳에 있는 카트가 외로워 보였던가 봅니다.

"시우야, 우리 카트 지하 1층에 가져다 놓자."

"친구가 거기 있어요?"

"친구가 없어도 주인이 가져갈 거야."

지하 1층 주차장에 마트에서 밀고 온 카트를 종종 발견할 수 있었습니다.

"할머니, 친구가 많이 있어요."

아이는 지하 주차장 한쪽 구석에 카트가 여러 대 겹쳐있는 것을 보고 무척 반가워했습니다. 우리는 가져간 카트를 본래 있던 녀석들과 같이 붙여 놓았습니다. 손녀는 카트를 어루만집니다.

"이제 친구 만났으니 슬퍼하지 마. 이제 행복해질 거야."

아이는 카트에게 위로의 말을 건네고 작별의 뽀뽀를 합니다. 친구를 만났으니 행복해질 거라는 녀석의 말에 나는 가슴 한 곳을 얻어맞은 기분입니다. 무생물인 카트도 친구를 만나면 행복해지는데 나는 누구를 만나도 반갑거나 행복하다는 생각이 안 드니 말입니다. 지금 내 앞에서 꼬물거리는 두 손녀는 예외지만.

카트야, 잘 가

✦ 장미보다 더 예쁜 (2019.05)

장미보다 더 예쁜 것은 사람입니다.

사람 중에서도 아이들이 더 예쁘고,

그중에서도 우리 아이가 장미보다 훨씬 더 예쁩니다.

내가 낳은 자식보다 손녀가 더 예쁩니다.

내리사랑 때문이라던가?

장미보다 더 예쁜

✦ 나처럼 해봐요, 이렇게 (2019.05)

'나처럼 해 봐요, 이렇게' 놀이 때문에 잘 울지 않는 녀석이 울음보를 터뜨렸습니다.

'나처럼 해봐요, 이렇게' 놀이를 할 때 작은 녀석은 내가 따라 하기 힘든 동작을 해 보이며 그대로 따라 하라고 합니다. 언니는 더 어려운 동작을 합니다. 한쪽 팔과 발로 땅을 짚고, 다른 쪽 팔과 다리는 높이 올립니다. 나는 어려워서 못하겠다고 뒤로 빠졌는데 작은놈이 따라 하려다가 뻥 하고 뒤로 넘어지고 말았습니다.

녀석은 벌떡 일어나며 "괜찮아요." 합니다. 그런데 절대 괜찮지 않을 것입니다. 바닥이 인조 대리석이거든요.

아니나 다를까, "와~앙!" 울음보가 터지고 말았습니다.

언니는 미안해하며 자꾸 변명합니다.

"네가 너무 어려운 동작을 하니까 나도 어려운 것을 한 거야."

나는 괜한 방바닥(대리석 바닥)을 때려가며 작은놈을 달랩니다.

"이놈, 너 왜 우리 애기 아프게 했어! 너 때지 해야겠다. 이놈 때지! 때지!"

한참을 울던 녀석은 또 다른 놀이를 하자며 눈물을 씩 닦습니다.

✦ 손녀가 아픈 날 (2019.05)

작은 아이가 아팠습니다. 하루는 제 엄마가 결근을 하고 아이를 돌봤습니다. 이틀을 계속 쉴 수 없고, 아이의 감기 증세도 조금 나아진 것 같아 다음날은 내가 돌보기로 했습니다. 유치원에는 보내지 않기로 했지요. 큰놈이 학교에 간 뒤 작은 녀석은 나하고 재미있게 잘 놀았습니다.

11시 30분쯤 되었을 때였습니다. 며느리한테서 전화가 왔습니다. 시우 약 먹이고 열도 재 봐 달라고. 워낙 잘 놀았기 때문에 괜찮다고 하였지요. 그런데 열을 재니 39도가 넘어서 깜짝 놀랐습니다. 해열제를 먹이면 괜찮으려니 하고 제 엄마가 챙겨두고 간 약을 먹였습니다. 그런데 그때부터 녀석이 울기 시작했습니다.

점심시간이 조금 지나서 목이 아프다고 목을 잡고 울기 시작했습니다. 겁이 더럭 났습니다. 제 엄마, 아빠에게 전화해도 회의 중인지 휴대전화 전원이 꺼져있었습니다. 얼른얼른 준비하고 아이를 유모차에 태우고 전에 며느리가 일러주었던 이비인후과로 갔습니다. 가는 중에 며느리의 전화를 받았습니다. 요즈음 독감 유행이라니 독감 검사도 받아보라고 했습니다.

아이는 아픈 중에도 밖에 나오니 얼굴이 좀 밝아졌습니다. 유모차 안에서 투명창으로 밖을 내다보며 이런저런 이야기를 조잘거립니다. 주사는 맞지 않겠다고 했습니다. 하지만 나는 의사 선생님이 맞으라고 하면 주사도 맞아야 한다고 일러두었습니다. 어른도 주사 맞을 때 아파서 울고 싶어도 어른이니까 참는 것이라고 했습니다. 넌 아기니까 아프면 울어도 되고 크게 울면 조금밖에 안 아프다고 했습니다.

바이러스 검사를 하기 위해 목에서 가검물을 채취하자 자지러지게 울어댑니다. 그렇지 않아도 아픈데 크게 울라고 했으니 병원이 진동하게 울어댔습니다. 그 대신 울음소리는 길지 않았습니다.

다행히 독감은 아니라고 합니다. 주사도 놓지 않았습니다. 의사 선생님은 내일 유치원에 가도 되겠다고 했습니다. 제 엄마는 유치원에서 다음 날 키즈 카페로 현장학습을 간다니 하루 더 쉬게 하겠다고 했습니다. 내일도 40개월짜리 손녀의 마음으로 같이 놀아야겠습니다.

동생이 아파요

✦ 할머니, 이건 비밀이야 (2019.07)

"할머니 이건 비밀이야. 엄마한테 절대 말하면 안 돼."

"무슨 말인데? 엄마한테 절대 말 안 할게."

두 번씩이나 다짐을 받은 큰 녀석이 귀에 대고 소곤거립니다.

"엄마는 놀자고 해도 안 놀아줘."

"엄마가 너무 피곤해서 그래."

"아냐! 안마의자에 앉아 스마트폰으로 드라마 보면서 안 놀아줘."

"엄마는 아침 일찍 출근해서 저녁 늦게 돌아와 너희들 반찬 만들고, 국 끓여놓고 하느라고 쉴 새가 없어서 그래."

아이는 제 기분을 몰라주는 할머니마저 야속한가 봅니다.

"10분만 같이 놀아 달라고 하는데도 안 놀아준단 말이야."

엄마가 휴일에 아이들과 충분히 놀아주지 못하는 것을 이해하지요. 아이들과 노는 데는 많은 에너지가 필요한 일인데, 엄마는 일주일간 산더미같이 쌓인 집안일에 녹초가 되었을 것입니다.

아이 말을 그대로 수용할 수 없지만 우선 아이의 말을 잘 듣고 이유를 말해주어야 합니다.

아들 내외는 이모님에게 정해진 시간까지 임금을 지불한다고 저녁에는 올라가지 말라고 합니다. 물론 내 건강을 염려해서지만 엄마는 아니라도 남보다는 나을 거라 생각하고 아들네로 갑니다. 만약 늦으면 두 손녀가 전화 폭탄과 문자 폭탄을 보내기 시작합니다.

엄마가 놀아주는 것에 비교가 안 될 것입니다. 나는 다섯 살이 되었다, 여덟 살이 되었다 하며 아이들 엄마가 올 때까지 같이 놉니다.

3학년 손녀의 점묘화 〈고양이〉

✦ 엄마 까투리 (2019.10)

저녁 늦은 시간인데 아이들이 물감을 찾아냈습니다. 언니가 낮에 주워온 낙엽으로 무늬찍기를 하겠다고 시작한 일입니다. 그런데 작은 녀석이 어느새 4절 크기의 종이에 붉은 물감을 짜고 붓에 물을 찍어서 마구 그리기 시작했습니다.

"산에 불이 났어요."

"엄마 까투리가 아가 까투리를 숨겨주고 있어요."

"엄마 까투리가 날아가는 것도 그리고 싶은데…"

아이는 혼잣말을 해가며 그림을 그립니다.

종이에 물감을 뿌리고 떨어진 물감을 붓으로 이리저리 번지게 합니다. 아이는 정말 신이 났습니다.

아이의 마음속에 있던 이야기가 종이 위에 다시 태어납니다. 불바다 속에서 엄마 까투리가 꺼병이들을 품에 안고 지켜내는 이야기가.

산에 불이 났어요

✦ 편식 (2019.10)

"그렇게 편식하니까 키가 안 크는 거야."

저녁 밥상에서 이것저것 싫다 하며 묵은 김치만 먹는 아이에게 제 아빠가 한 말입니다. 쇠고기 안심, 묵은 김치, 된장찌개, 두부, 콩나물 등을 제외하면 먹지 않으려는 녀석의 편식 습관 때문에 가족들은 걱정이 많습니다.

제 아빠의 말이 끝나기도 전에 손녀는 눈물을 쏟았습니다. 제 아빠는 녀석이 흐느껴 우는 모습을 보고 난처한 듯합니다. 키가 작다고 아이들에게도 들었을 텐데, 아빠한테 그 소리를 또 들었으니 얼마나 서럽고 화가 났을지 아이의 마음이 느껴져 내 마음도 아픕니다.

아들 내외도 아이의 성장을 걱정합니다. 지난 토요일에는 큰아이를 데리고 병원에 가서 아이의 뼈 연령, 성장판 등을 검사받았다고 합니다. 뼈 연령이 다른 아이보다 1년 반이 늦고 성장판도 걱정하지 않아도 되겠다고 했답니다.

제 엄마는 어릴 때 키가 작았다는데 지금은 170㎝ 가깝고 아빠 역시 5, 6학년 때 부쩍 컸으니 녀석도 앞으로 크리라 확신합니다. 그러나 아이는 키가 작다는 말만 들어도 상처를 받는 듯합니다. 대상이 되는 아이들과 비교하고 많이 힘들어합니다. 간혹 '우리 엄마도 어릴 때 키가 작았는데 지금은 엄청 크다.' 하고 스스로 위로합니다.

잠시도 쉬지 않고 활동적인 녀석, 학원 가는 것이 힘들면 그만두자 해도 싫다고 합니다. 무엇이든지 배우는 것을 좋아하는 아이, 아침 7시경에 일어나서 낮잠 한 번 안 자고 저녁 9시까지 에너지 넘치게 활동합니다. 쉬는 시간은 늘 부족하고, 먹는 것도 고르지 못해 에너지가 축적될 틈이 없는 우리 아이를 어찌하면 좋을까요?

편식

✦ 아빠의 일기장 (2019.10)

아이가 글을 쓰지 않으려 합니다. 읽기도 정독이 아닌 훑어 읽기를 할 뿐입니다. 1학년인 손녀가 그렇습니다. 아마 이런 현상은 우리 아이에 국한되지 않으리라 생각합니다.

"이건 네 아빠가 아홉 살 때 쓴 일기장이야."

마흔세 살 아들이 아홉 살 때 쓴 일기장을 손녀에게 건네주고 읽어보라고 했습니다. 아이는 신기한 듯 여기저기를 펼쳐가며 읽습니다.

"신기하지? 너도 일기를 쓰면 나중에 어른이 되어 읽어보면 재미있지 않겠니?"

제 아빠 일기장을 읽은 뒤 몇 차례 일기를 썼습니다. 생각보다 잘 쓰는 편이었습니다. 마음이나 생각을 표현하는 솜씨도 제법입니다. 그러나 며칠 가지 않았습니다. 방학 때는 과제였기 때문인지 일주일에 두 번은 마지못해 썼습니다만. 일기 쓰기는 학교와 연계하지 않으면 성공을 거둘 수 없습니다. 나는 아들의 오래된 일기장을 펼쳐 읽으며 생각했습니다.

그 무렵 나는 너무 힘들었습니다.

'막내야, 빨리 커라.'

늘 그렇게 뇌까렸습니다. 빨리 시간이 가고 막내까지 자라면, 그리고 나도 빨리 늙어 죽을 수 있겠다 싶었습니다. 지금 생각해도 돌아가고 싶지 않은 시간입니다. 그런데 아들의 일기장을 읽어보니, 그때의 나도 불행한 것만은 아니었습니다. 아이들 때문에, 아이들이 나를 일으켜 세워주었기 때문에 절망적인 그 시기를 무사히 넘길 수 있었다는 생각이 듭니다. 돌아가고 싶진 않지만, 그때도 나는 불행하기만 했던 것이 아니었습니다. 분명 행복이 존재했습니다.

『내 동생 싸게 팔아요』 독후 놀이

✦ 엄마 보고 싶어 (2019.10)

"엄마 보고 싶어."

줄넘기 학원 차에서 내린 큰 손녀가 눈물을 뚝뚝 흘리며 말합니다. 학원 셔틀버스 도우미 선생님이 따라 내려와서 설명합니다. 조금 전에 며느리한테 전화를 받아서 알고 있었지만, 이것저것 자세히 물어봤습니다.

우리 아이가 학원에서 나오다가 자전거를 타고 지나가는 아이와 부딪혀 넘어졌다고 합니다. 자전거를 탄 아이는 그냥 지나갔고 우리 아이는 왼쪽 팔꿈치 부분에 약간의 찰과상이 생겼고, 약간 부은 듯했습니다. 다른 곳에 상처나 통증이 있는지 물으니 괜찮다고 합니다.

그래도 아이는 계속 눈물을 흘립니다. 자전거 탄 아이가 사과 없이 그냥 가버린 것도 서럽고, 위로해 줄 엄마가 옆에 없는 것도 서러운가 봅니다. 아이의 마음이 내게도 전해집니다.

아이를 데리고 병원에 갔는데 별문제 없다며 주사도, 처방전도 없고, 소독약조차도 발라주지 않았습니다. 아이는 아까 눈물을 뚝뚝 흘렸던 것은 깨끗이 잊고 팔짝팔짝 뛰며 걷습니다. 낙엽을 잔뜩 쏟아놓은 큰 나무가 을씨년스럽게 서 있는 것을 보고 킥킥거립니다. 앙상하게 드러난 가지가 마치 뽀뽀하려고 입을 쭉 내놓은 것 같답니다. 그 말을 듣고 보니 그렇게 보입니다.

'엄마'는 사랑이고 믿음입니다. 엄마가 있는 세상을 걸어가는 아이들은 자신만만합니다. 가다 힘들면 "엄마!" 하고 달려가서 엄마의 그늘에 머물다 오면 다시 뛰어갈 힘이 충전되니까요.

씽씽 자전거 타고 달려서

✦ 여덟 살 손녀의 남자 친구 (2019.12)

1학년인 여덟 살 손녀에게 남자 친구가 생겼답니다. 아침에 학교 갈 때도 서로 기다렸다 같이 가고, 방과 후에도 놀이터에서 같이 뛰어다니며 놉니다. 서로 남자 친구, 여자 친구로 인정하며 같이 놀러 다닙니다.

유치원 때부터 티격태격하다가도 잘 지내더니 며칠 전부터 남자 친구, 여자 친구 하기로 했답니다.

남자 친구라고 하는 그 녀석, 내가 봐도 의젓하고 듬직합니다. 형과 동생 틈에 있는 둘째라서인지 이해심이나 참을성 있는 아이로 자란 듯합니다. 고집이 세고 자기주장이 강한 우리 손녀에게 좋은 남자 친구가 될 것 같아 나는 환영합니다.

언제 토라져서 "이제 너하고는 안 놀아." 할지도 모릅니다. 그렇지만 친하게 지내며 부모로부터 한 발짝씩 떨어져 독립적인 아이로 성장하는 데 서로 도움이 되었으면 합니다.

✦ 이만큼 큰 지우개 (2019.11)

　유치원에 갈 준비를 마치고 잠깐의 여유가 있는 아침 시간, 작은 놈이 창가로 다가섭니다. 창밖에는 미세먼지와 안개가 어우러져 아무것도 보이지 않습니다.

"할머니, 아무것도 안 보여."

"어디로 갔지?"

"지우개로 지웠나 봐."

"누가 지웠을까?"

"하느님이 이만큼 큰 지우개로"

　아이는 두 팔을 크게 벌려 보입니다. 그리고 돌아서더니 눈을 쓱쓱 비빕니다. 알레르기성 질환이 있는 우리 아이의 힘든 하루가 예상되어 마음이 무겁습니다.

이만큼 큰 지우개로

✦ 아빠의 함박웃음 (2019.11)

며칠 전 정말 오랜만에 아들 내외가 같이 퇴근했습니다. 같은 회사에 근무하는데도 자주 있는 일이 아니랍니다. 제 아빠, 엄마를 향해 작은 녀석이 얼굴에 웃음을 가득 담고 달려갑니다. 큰 녀석은 뒤따라가고요.

"시우야!"

한발 앞서 들어선 엄마가 아이를 안으려고 키를 낮추고 두 팔을 벌렸습니다. 아이는 그런 엄마를 제치고 뒤에 있는 아빠에게 달려가 안깁니다.

"이 녀석!" 엄마는 서운한 표정을 지으며 큰 녀석을 안아줍니다.

"우리 시우 잘 놀았어?"

아들의 얼굴에 함박웃음이 터집니다. 아들은 가방을 밀어놓으며 아이를 번쩍 안아 듭니다. 하루 일에 지쳤던 아들의 피로가 눈 녹듯 사라지는 것이 보입니다.

✦ 이거 내 거야 (2019.12)

작은놈이 생일날 유치원에서 예쁜 벙어리장갑을 선물 받았습니다. 귀여운 아기 곰이 손등에 앉아있는 장갑이었습니다. 언니가 그 장갑을 보고 탐냈습니다.

"시우야, 내가 그 장갑 끼고 가도 돼?"

큰 녀석이 점을 찍었으니 그냥은 안 갈 것 같습니다. 작은놈이 싫다고 하면 주먹이 날아올지도 모르는 일이지요.

"언니가 학교 갈 때 손이 시려 그러나 보다. 너는 유치원 차 타고 가니 손 안 시리니까 언니 빌려줄래?"

"그래! 언니 끼고 가."

작은 녀석이 장갑을 내주었습니다. 저는 한 번도 안 껴봤는데 선선히 내주었습니다.

그렇게 언니가 며칠을 끼고 다닌 뒤의 아침이었습니다. 작은놈이 아침에 일어나자마자 소파에 놓인 장갑을 얼른 차지합니다. 그리고 손에 장갑을 낀 녀석이 말합니다.

"이거 내 거야! 유치원 선생님이 줬어."

언니한테 빌려주기 아까웠던 마음을 이제야 내보입니다.

아이는 밝은 얼굴로 유치원 차를 타러 엘리베이터의 B1 버튼을 누릅니다.

✦ 손녀가 4,000원을 들고 간 날 (2019.11)

점심때쯤입니다. 손녀가 밝은 목소리로 전화를 했습니다.

"할머니, 안 오셔도 돼요. 친구들이랑 같이 학원 갈 거예요."

나는 손녀의 가방 셔틀을 합니다. 실내화 가방이나 기타 필요 없는 것은 받아서 가져오지요. 편식이 심해 학교 급식을 제대로 먹지 못하여, 가는 김에 우유 한 팩을 먹이고 옵니다. 그런데 오늘은 오지 말라고 하니 가지 않기로 했습니다.

저녁에 아이가 이모님과 같이 집에 들어섰습니다. 손에는 녀석이 좋아하는 과자 두 봉지가 들려있었습니다.

"이모님이 또 과자 사줬어요?"

"아니요. 저 돈 있다며 시은이가 샀어요."

나는 녀석이 아침에 4,000원을 가방 속에 넣고 등교한 것이 생각났습니다. 학교에 돈을 가져가는 거 아니라고 해도 오늘은 가져가고 싶답니다.

'돈을 잘 간수하고 필요한 것이 있으면 사고. 뽑기는 하지 않는 게 좋겠다.'라고 했던 말이 떠올랐습니다. 그러나 아이는 내 말을 귓등으로 들으며 가벼운 발걸음으로 학교에 갔거든요.

"돈은 어떻게 썼니?"

용돈을 써 본 일이 거의 없는 아이가 돈을 어떻게 썼는지 궁금했습니다.

"내가 1,000원 뽑기하고, 친구한테 1,000원 주었어요. 그리고 나머지 과자 사 왔지요."

아이는 신이 나서 제 맘대로 돈을 쓴 일을 이야기합니다.

"친구가 불쌍한 아이니?"

"아니요!"

"친구한테 돈을 주는 거는 잘못된 일이야. 나중에 네가 돈 가지고 있을 때 또 달라고 할 수도 있어. 돈 달라고 해서 안 주면 때리는 아이도 있단다. 엄마 아빠가 힘들게 일해서 벌어오는 돈이니 꼭 필요한 데 쓰고 아무에게나 주는 거 아니야."

돈에 대한 내 이야기를 잘 들었는지 모르겠습니다. 아무에게나 돈 주는 거 아니라는 내 말이 지레 겁먹은 말은 아닐지 생각해봅니다. 아들에게 손녀의 돼지를 잡아서 은행에 맡기라고 말해야겠습니다.

내가 현직에 있을 때 우리 반에 부모가 맞벌이하는 아이가 있었는데, 엄마가 용돈을 넉넉히 준 모양입니다. 그 녀석은 다른 아이들에게 간식을 자주 사줬답니다. 그런데 다른 놈들은 간식보다 돈을 요구했고, 돈이 없을 때는 다음에 준다고 했습니다. 다음 날 주지 못할 때는 웃돈을 붙여주기로 하여 빚을 지기 시작했더군요. 결국 빚 독촉에 시달리다 나한테 발각된 것이지요. 저학년 아이들의 부족한 경제관념 때문에 가끔 생기는 일입니다.

✦ 아침 밥상 (2019.12)

아이들이 7시 30분부터 아침밥을 먹기 시작해야 하는데, 좀처럼 밥을 먹으려 들지 않습니다. 어른도 입맛이 없을 때 누룽지를 먹으면 위에 부담 안 가고 구수해서 좋습니다. 혹시 이건 먹으려나 싶어 새로 지은 밥을 치우고 누룽지를 끓였습니다.

큰 녀석은 고기가 없으면 밥을 먹지 않습니다. 김치도 꼭 있어야 하고요. 채소는 먹지만 과일은 좋아하지 않습니다. 그래서 제 엄마가 만들어 놓고 간 콩나물, 무나물에 김치, 소고기를 식반에 담았습니다. 고기를 소금 기름에 찍어 먹는 습관이 고쳐지지 않습니다.

작은 녀석은 채소를 싫어해서 좋아하는 딸기와 고구마를 반찬으로 줍니다. 멸치와 김은 다 좋아해서 가끔 먹입니다. 두 녀석의 식습관이 확연히 다릅니다. 안 먹겠다고 해서 작은 녀석 식반에는 고기를 놓지 않았으나 녀석도 고기를 무척 좋아합니다.

저희끼리 먹게 그냥 두어야겠다 하다가도 다시 아침밥을 먹여주는 일을 되풀이합니다. 우리 아이들만 그러나 싶어서 다른 엄마들한테, 또는 할머니들한테 물으니 1, 2학년 아이들은 대부분 혼자 먹으려 들지 않는답니다.

내년에는 2학년이라 학교생활에도 어느만큼 적응할 테니 밥 먹여주는 일은 그만하려고 합니다. 밥 안 먹고 학교에 가서 배고픈 경험을 두어 차례 하고 나면 자연히 먹게 될 걸 알지만 용기가 나지 않습니다. 굵고 갈 녀석들이 안쓰럽습니다. 내가 낳은 자식이 아니라서 강하게 다루기 어려운 점도 없지 않습니다.

아침 밥상

✦ 나보고 바보라고 했어 (2019.12)

언니와 동생은 아기 놀이를 합니다. 전에도 자주 하던 놀이입니다. 요즈음은 안 했는데 언니가 아기 놀이를 하자고 했습니다. 그럴 때는 늘 언니와 동생의 역할이 바뀝니다. 아기가 된 언니가 이불을 덮고 '응애응애' 울기도 하고 우유 달라고 떼쓰기도 합니다.

동생은 학교에 다니는 언니가 되었습니다. 그런데 언니가 된 동생이 누워서 응애응애 우는 언니를 나무랍니다.

"너, 바보야. 바보야 울지 마."

정색하고 아기를 나무랍니다.

이불을 쓰고 누워있는 언니는 '응애응애' 울기만 하고 대꾸가 없습니다. 다른 때 같으면 벼락같이 소리쳤을 텐데요. 아직 말을 못하는 아기인가 봅니다.

놀이가 끝나고 작은놈에게 살짝 물었습니다.

"너, 왜 언니한테 바보라고 했어?"

"언니가 나보고 맨날 바보라고 해."

"바보라고 해서 속상했구나."

"응. 나, 바보 아니야."

녀석이 볼멘소리를 합니다.

"그럼! 시우 바보 아니지. 언니도 바보 아니야. 언니보고 바보라고 하면 언니도 속상해."

작은 녀석은 아무 말도 하지 않습니다. 티격태격하면서도 서로 위해주고 걱정도 해주며 건강하게 잘 자라기를 빕니다.

나보고 바보라고 했어

아이들은 망토를
좋아해

✦ 엄마와 같이 (2020.01)

아이들은 엄마와 같이 있다는 것만으로도 바르게 성장할 수 있습니다. 엄마의 무한한 사랑이 달무리처럼 번져 아이들의 성장에 영향을 미치기 때문이라고 합니다.

엄마가 두 시간 늦게 출근하게 되어 큰 녀석이 엄마 출근할 때 같이 집을 나섭니다. 방학 동안에 운영하는 학교 돌봄 교실에 가기 위해서지요. 도시락과 간식까지 챙겨서 가방에 짊어지고 학교에 갑니다. 한 보름 전에 뇌경색으로 오른쪽에 마비가 와서 내가 아이들을 제대로 돌볼 수 없게 되었지요. 그래서 며느리가 한 달 동안 출퇴근 시간을 조정했답니다.

아이는 마냥 좋아합니다. 제 엄마가 출근 시간을 조정하여 8시 조금 넘은 시간에 아이와 같이 집을 나서거든요. 녀석은 엄마의 손을 잡고 엘리베이터를 기다리며 제 엄마에게 무언가를 종알거립니다. 아파트 단지를 나서면 갈 길이 제각기 다르겠지만 같이 집을 나선다는 것만으로 마냥 좋은가 봅니다.

눈 뜨면 엄마가 없던 분리감이 덜 느껴지리라 생각됩니다. 어쩔 수 없으니까 회사 차원에서 배려해준 것이겠지만 입학 초기에 이런 방법을 택했으면 아이가 학교생활 적응에 덜 힘들었을 거란 생각이 듭니다. 둘째가 입학할 때도 직장에 다닌다면 출근 시간 조정을 생각해 볼 문제입니다.

돌봐주는 다른 가족이나 이모님이 있을 때는 까탈을 부리던 것도, 엄마가 집 안에 있으면 아무것도 아닌 일이 됩니다. 엄마의 손짓, 눈빛, 아니 엄마의 목소리가 들리고, 엄마 냄새만 나도 아이의 마음은 가득 찹니다.

엄마가 있어서 세상은 따뜻하고, 그 사랑이 아이들을 통해 그다음 세대로 이어집니다. 그래서 세상은 아직 살만한 곳이지요.

3학년 손녀의 그림 〈사랑하는 우리 가족〉

✦ 머리가 이상해 (2020.01)

큰 손녀와 제 엄마가 8시 조금 넘은 시간에 집을 나섭니다.

엄마와 큰아이가 나가고 나면 나는 작은 녀석을 유치원 차에 태워줘야 합니다. 그 정도는 할 수 있어서 걸어서 20여 분 걸려 오시던 외할머니께 그만 오시라고 했지요.

"할머니, 머리가 이상해."

작은놈이 신발을 신으며 한 말입니다.

"왜? 머리 다시 묶어줄까?"

머리를 묶은 고무줄이 당긴다고 생각했습니다.

"아니! 머리가 이상해."

"그럼 밴드를 하고 갈까?"

나는 버스 도착 시각이 지난 것을 보고 다급해서 머리띠를 들고 뛰며 물었습니다. 그러자 아이는 큰 소리를 내며 웁니다. 머리가 이상하다고 하며.

아차 싶었습니다. 머리카락이 아니라 머리가 흔들리거나 골치가 아픈 건데…

"그래? 미안해. 머리가 아프면 유치원에 못 가겠다."

아이는 울음을 그치며 고개를 끄덕입니다. 머리가 아픈데 고무끈이나 머리띠 타령만 했으니 아이는 얼마나 답답했겠습니까. 그때 마침 유치원 통학 지도 선생한테서 전화가 왔습니다.

나는 전화를 끊고 며느리에게 전화했습니다. 며느리는 '아프지 않을 텐데, 보내야 하는데'라고 말했습니다. 나에 대한 미안한 마음 때문이었을 것입니다.

아이는 그림도 그리고, 가위질도 하고, 놀이도 하며 재미있게 놀았습니다. 아프지 않아서 정말 다행이었습니다.

할머니랑 놀면 안 아파

✦ 결석한 다음 날 (2020.01)

감기로 사흘을 결석한 다음 날입니다. 작은 녀석이 등원 버스를 타러 가야 할 시각입니다. 아이에게 옷을 입히려니 이 옷은 답답하고, 이 옷은 언니 옷이라며 투정을 부리기 시작합니다. 시작이 좋지 않습니다. 늘 해맑게 웃으며 동동거리던 녀석이었는데 말입니다.

"할머니, 나 기운 없어."

녀석의 신발을 신으며 한 말입니다. 정말 기운이 없으면 큰일이지만 아닐 가능성이 높습니다. 어제 머리가 어지럽다고 울음보를 터뜨려 유치원에 안 보냈는데, 온종일 나하고 놀면서 아무렇지도 않았거든요.

"시우야, 기운 없으면 할머니 업고 유치원 버스 타러 가자."

아이는 마지못해 등에 업혔습니다. 오른쪽 팔과 손이 감각이 없어 아이를 든든히 받쳐줄 수가 없었습니다.

"엘리베이터에서 친구들 만나면 내리자. 여섯 살이 업혀 간다고 놀리면 안 되니까."

그 말을 들은 녀석은 시무룩해 있으면서도 등에서 내려옵니다.

아이는 유치원 차를 보자 발에 못이 박혀버렸습니다. 안 간다고 떼를 쓰기 시작한 것입니다. 얼굴이 눈물범벅이 되었습니다. 등원지도 선생님이 아이를 번쩍 안아 차에 태우자 소리를 내며 울기 시작합니다. 신경 손상으로 손끝에서 시작한 전율이 가슴까지 스며

듭니다.

　다른 엄마에게 물으니 아이들이 며칠 유치원을 쉬다 등원시키려면 안 간다고 버티는 경우가 많다고 합니다. 그래도 어제는 머리가 어지럽다고 하고 오늘은 기운이 없다고 하니 감기 때문에 며칠 호되게 앓고 나서 기운이 없는 것은 사실인 것 같습니다.

　입학하기 전 가족들의 보호를 받으며 먹고, 놀며 제 마음대로 뒹굴어야 할 어린아이들이 제도화된 유치원 교육과정을 이수하느라 많이 힘든가 봅니다.

유치원 가기 싫어

✦ 모든 것을 잘하고 싶은 아이 (2020.01)

첫째 손녀는 이제 아홉 살입니다. 녀석은 뭐든지 잘하고 싶어 합니다. 공부도 제일 잘하고 싶고, 춤도 잘 추고 싶고, 수영도 잘하고 싶어 합니다. 모두에게 칭찬받는 모범 어린이가 되고 싶어 합니다. 또 골든벨 대회도 일등을 하고 싶어 합니다. 유치원에서는 늘 일등을 했다고 자랑하였거든요.

녀석은 1학년 골든벨 예선 대회에서 한 문제를 놓쳐 학급 대표가 되지 못했다고 눈물을 펑펑 쏟으며 울었습니다. 다른 아이는 메달도 받고 트로피(외부 행사)도 받았는데 저는 엄마가 그림대회에 못나가게 해서 아무것도 못 받았다며 또 펑펑 울었습니다.

아이가 아팠을 때는 건강하게 잘 자라주는 것만도 고맙게 생각하던 제 아빠 엄마도 서서히 생각이 바뀌어 갑니다. 아이가 무슨 일이든지 욕심껏, 남들보다 뛰어나게 잘 해내는 것을 보고, 욕심을 갖기 시작했습니다. 공부, 수영, 피아노 치기 등에 최선을 다하는 모습이 기특하면서도 안쓰럽습니다.

첫째는 부모가 가지는 기대를 무의식중에 느끼는 것은 아닐까요? 내가 가지는 기대 때문에 힘들어했던 제 아빠를 보며 뒤늦게 후회했습니다. 그때는 아들에 대한 기대가 내가 사는 이유였거든요. 그 이유마저 버린다면 제가 쓰러질 것 같았으니 아들 녀석이 그 무게를 느끼지 않았을 리 없습니다. 그러나 아들 며느리가 나

같은 어리석음을 되풀이하지 않았으면 좋겠습니다.

아이들은 학교에 입학하고, 더 넓은 세상으로 나오면, 모든 것을 잘할 수 없는 자신을 발견하게 될 것입니다. 또 남들보다 못하는 것도 많다는 것도 깨닫게 될 것입니다. 그때마다 힘들어하지 않을까 걱정입니다. 그럴 때는 내가 다른 사람보다 잘하는 것을, 그리고 내가 좋아하는 것을 잘하면 된다는 것을 알았으면 좋겠습니다. 사람은 얼굴이 제각각이듯 잘하는 것도 제각각입니다. 그래서 세상은 다양하고 그래서 서로 협력하며 살아가는 것인데, 아이가 그것을 언제 알 수 있을까요?

아이가 자기가 좋아하는 일을 찾아 즐거운 마음으로 능력에 닿는 만큼 열심히 하며, 건강하고 지혜로운 사람으로 자랐으면 좋겠습니다.

뭐든지 잘하고 싶은 아이

✦ 치카치카는 언니처럼 (2020.02)

"시우야, 이렇게 해. 혀도 닦아야 해."

큰 녀석이 시범을 보이며 동생과 같이 양치질을 합니다.

사실 어제 큰 녀석은 양치도, 세수도 하지 않고 학교 돌봄 교실에 갔거든요. 작은 녀석 챙기며 왔다 갔다 하다가 큰 녀석에게 양치, 세수 빨리하라고 독촉했습니다. 녀석은 계속 책을 읽고 있었는데, 양치도 세수도 다 했다고 했습니다.

칫솔에 물이 묻었나 확인하면 다 알 수 있다고 했더니, 할머니 안 볼 때 안방 화장실에서 세수하고 양치하고 다 했답니다.

"그랬구나. 거기서 했구나. 할머니가 몰라서 그랬어. 미안하다." 하고 모른 채 넘어갔습니다. 아이의 자존심을 무너뜨리면 안 될 것 같았습니다. 하루 세수 안 하고 양치 안 해도 큰일 나는 것은 아니 거든요. 거기다 요즘은 마스크를 쓰고 다니니 아무도 모를 거고요.

오늘은 동생을 데리고 뽀독뽀독 세수도 하고, 치카치카 양치도 합니다. 세면대가 둘이 서기는 조금 적어 가끔 티격태격하는데 오늘은 사이좋게 양치질을 합니다.

나는 아이들의 등 뒤에서 거울 속에 비친 녀석들의 예쁜 모습을 카메라에 담습니다.

치카는 언니처럼

✦ 실내 골프 게임 하기 (2020.02)

실내 골프 게임을 합니다. 먼저 골프채를 만들어야 합니다. 비닐 랩이나 호일의 속심 두 개를 붙이고, 끝에 뚜껑을 닫은 요구르트병을 붙였습니다. 홀은 하키 경기의 골처럼 의자를 뒤집어서 만들어 놓았습니다. 카펫을 깐 곳이 잔디밭이라고 정했지요.

홀에 공을 많이 넣은 사람이 이기는 것으로 정했습니다. 공은 흔한 고무공을 이용하면 좋습니다. 서로 공을 뺏으려고 골프채를 휘두르다가 다칠 뻔했습니다. 그래서 각자 개인별 점수를 내기로 했지요.

풍선을 이용한 피구나 배구도 해봤는데, 하다 보면 뛰거나 부딪치는 경우가 있어서 아래층에서 올라올까 걱정되었습니다. 그런데 골프 놀이는 각자 하니까 안 뛰어서 좋고, 의견 충돌 생길 일도 적어서 좋았습니다. 단지 역동감이 부족한 것이 흠이었지요.

경기 결과는 언니가 1등이고 동생은 2등 나는 늘 3등입니다.

✦ 아이들은 망토를 좋아해 (2020.03)

아이들이 한복이나 드레스 속에 입는 페티코트를 입습니다. 그리고 담요를 망토로 어깨에 메는 것을 빼놓지 않습니다.

왕관까지 차려 쓰면 겨울왕국의 엘사가 되고, 안나가 됩니다. 둘은 뮤지컬을 공연하듯 춤을 추며 노래를 부릅니다. 간혹 대관식을 할 때가 있어서 나는 공주들에게 왕관을 씌워주는 교황이 되기도 하고 선왕이 되기도 합니다. 여왕의 즉위를 축하하는 백성이 되어 환호성을 지르며 손뼉을 치기도 합니다. 또 여왕에게 자비를 구하는 백성이 되기도 하지요.

제 아빠와 작은 아빠를 키울 때 그 녀석들도 망토 쓰는 것을 좋아했습니다. 녀석들은 여왕의 망토가 아닌 슈퍼맨의 망토였습니다. 어디서 찾아오는지 보자기를 하나씩 어깨에 둘러쓰고 높은 곳으로 올라가 '슈퍼맨!' 하고 소리를 지르며 뛰어내리는 놀이를 좋아했습니다. 다치지 않을까 걱정한 것이 엊그제 같은데, 이제 손주 녀석들이 망토를 쓰고 좋아합니다.

두툼해서 잘 묶어지지 않아 보자기로 대체해 주려 했지만 아래로 축 늘어지는 모양이 담요만 못한가 봅니다. 무게 때문에 발에 밟히지 않는 것도 장점이고요.

이제 녀석들이 크면 이렇게 담요를 쓰고 여왕 놀이를 했다는 것은 기억하지 못하겠지요.

아이들은 망토를 좋아해

✦ 고자질과 사과 (2020.03)

아이들과 숨바꼭질을 했습니다. 먼저 '무궁화꽃이 피었습니다'를 여러 차례 했습니다. 나는 술래가 되어 아이들을 잡으러 쫓아다녔는데, 아이들이 금방 안전선을 넘어 가버려 술래를 반복했습니다. 아래층에서 뛴다고 쫓아올까 걱정되던 차에 작은 녀석이 숨바꼭질을 하자고 합니다.

역시 내가 술래가 되었지요. 녀석들이 숨는 곳은 빤하지만 여기저기 찾는 체하다 공부방 책상 밑에 웅크리고 숨어 있는 작은 녀석을 찾았습니다.

"할머니, 언니 여기 숨었어."

작은 녀석이 제 언니 숨은 곳을 가르쳐줍니다. 못 들은 체하며 다른 곳을 찾으러 다녔습니다. 작은놈은 답답했나 봅니다.

"여기 문 열어 봐."

내 손을 잡고 장롱문을 가리킵니다. 장롱 속에 웅크리고 있던 언니가 문을 열고 나오며 화를 버럭 냅니다.

"왜 알려주는 거야."

얼른 도망가 소파에 엎드린 작은 놈의 등판을 큰 녀석이 찰싹 때립니다.

작은놈의 울음보가 터졌습니다. 놀란 나는 화를 내며 큰 녀석을 먼저 나무랐습니다. 동생이 잘못했지만 그렇게 때리는 것은 잘못했다고. 큰 녀석도 억울한 모양입니다. 담요를 뒤집어쓰고 툴툴거립니다.

잘못의 순서를 가려야겠습니다. 작은 녀석에게 먼저 사과하라고 했지요. 언니가 숨은 것을 고자질하는 것은 잘못했다고. 다른 때는 '미안해', '잘못했어'를 달고 살던 녀석이 대답을 안 합니다. 한참만에 조그만 소리로 미안하다고 합니다. 더 크게 하라고 다그쳐서 담요를 걷고 언니 얼굴을 보며 미안하다고 큰 소리로 말합니다.

큰 녀석은 잘못했다는 말을 좀처럼 하지 않는 성격입니다. 더구나 동생한테는 더욱 안 합니다. 그런데 잘못의 순서를 가려주고 동생이 먼저 잘못을 사과하게 시켰더니 바로 사과를 합니다.

"시우야, 미안해."

두 녀석은 사과 한마디씩 교환하더니 금방 킬킬거리며 제 아빠 침대 위로 올라갑니다. 또 다른 놀이를 시작하려는 것이지요. 그리고 침대 위에서 요란한 비행과 항해가 시작되었습니다.

✦ 살아 있어요 (2020.03)

아파트 관리인들이 정원수를 다듬고 있습니다. 잘라놓은 가지에 아직 피지 않은 산수유꽃이 노란 조막손을 꼭 움켜쥐고 있습니다. 앵두꽃은 아직 잠이 깨지 않은 봉오리째로 나뭇가지에 붙어 숨을 할딱입니다. 잘라놓은 가지에서 몇 가지를 구해서 집으로 데리고 왔습니다.

빈 패트병을 자르고 물을 담아 꽂아 놓았더니, 그곳에서 화사하게 봄을 피웠습니다. 산수유가 꽃가루와 꽃받침을 떨어뜨려 지저분했지만 피어보지도 못하고 시들어버렸을 놈들의 화사한 모습에 절로 기분이 좋았습니다.

일주일이 지나자 산수유꽃은 시들어 꽃이 떨어지고 새잎이 파릇파릇 돋아났습니다. 앵두꽃도 피었다가 말라버려 꽃잎과 꽃가루를 쏟아놓습니다. 이제 그만 치워야겠습니다.

"얘들아, 뿌리가 없는데도 파랗게 잎이 났구나. 그래도 지저분하니 이제 치워야겠다."

큰 녀석은 별 반응이 없습니다. 작은 녀석이 내게 다가오더니 안 된다고 합니다.

"살아 있어요. 버리면 안 돼요."

꽃가지를 비닐봉지에 넣는 것을 보더니 그만 통곡을 합니다.

"버리면 안 돼요. 죽으면 안 돼요."

"아직 안 죽었어도 뿌리가 없으니 살 수 없어. 얘네 엄마 있는 밖으로 보내줘야 해."

아이는 오래전 기억을 들춰내며 서럽게 웁니다.

"유치원에서 내가 깻잎나무(?) 키웠는데 죽으려고 해서 청주 할머니가 잘 키워줬어요. 깻잎은 먹을 수 있어요."

이야기의 흐름이 다른 쪽으로 향합니다. 기회입니다. 어찌어찌 마무리하고 아이가 안 볼 때 봉지에 담은 꽃가지를 현관 밖에 내놓았습니다. 아이가 모르게 처리해야겠습니다.

아직 살아있는 꽃들

✦ 이렇게 하면 이겨요 (2020.03)

화장실 변기에 앉아서 작은 녀석이 쫑알거립니다.

"내가 ○○한테 결혼하자고 했는데 '싫어 싫어' 해서 나 ○○하고 결혼 안 할 거야."

○○는 바로 아래층에 사는 동갑내기 친구입니다. 생일도 며칠 차이밖에 없고, 엄마들끼리도 친분이 두터워 자주 왕래합니다. 녀석들은 사이좋게 놀다가 티격태격하기 일쑤입니다. 자신의 감정을 표현하는 것을 꺼리지 않는 아주 천진한 우리 아이가 상처를 받지 않았을까 걱정되었습니다.

"시우야, 아무나 하고 결혼하자고 하는 거 아니야. 정말 사랑하는 사람하고 결혼해야 하는 거야. 그리고 결혼 안 할 수도 있다."

"아니, 나는 △△하고 결혼할 거야. 우리 엄마 아빠도 결혼했잖아. 그러니까 나도 할 거야."

녀석은 지금 결혼에 대한 생각이 확고합니다.

"어떤 사람들은 결혼해서 싸우는 사람도 있단다. 그러려면 결혼 안 하는 게 좋아."

친구에게 '나랑 결혼하자.' 했다가 거절당했을 때의 마음을 생각해서 이런저런 이야기를 늘어놓았습니다.

"응, 우리 엄마 아빠도 싸워."

이렇게 이야기는 다른 방향으로 흘러갔습니다.

"엄마 아빠 싸우면 누가 이기지?"

"엄마가 이겨."

"내가 엄마에게 알려줬어. 할머니 이리 와 봐."

나는 녀석이 시키는 대로 다가갔습니다. 그랬더니 조금 쪼그리랍니다. 나는 키를 낮췄지요. 그랬더니 녀석이 내 가슴을 향해 머리를 박았습니다.

"이렇게 하면 이겨." 제법 가슴이 아픕니다.

녀석이 가르쳐 준 방법으로 제 엄마가 아빠를 이기지는 않을 것입니다.

형제 중에 가운데 아이로 태어나 자란 아들놈은 별로 싸우지 않고 자랐습니다. 대부분 양보하는 편이었습니다. 싸워봤자 혼난다는 것을 잘 아는 가운데 녀석의 지혜입니다. 그러나 표면상의 양보일 뿐 끝내는 자신의 목적을 이루는 성격을 지녔습니다.

아마 아들 내외의 싸움도 그 때문이라 생각됩니다. 며느리가 콩닥콩닥 잔소리하다가 제풀에 목소리가 커졌을 것입니다.

여섯 살의 결혼관, 아들 내외 부부싸움까지 천진한 아이의 목소리지요.

✦ 집 안에 있는 좋은 무대 (2020.04)

침대는 집 안에 있는 좋은 무대입니다. 아이들 침대는 낮은 데다 두 개를 붙여놔서 방안이 꽉 차 관객이 설 자리가 마땅치 않습니다. 그런데 아빠 침대는 높고 여유 공간이 있어 관객인 내가 손뼉 치며 구경하기 좋습니다.

아이들은 날 데리고 아빠 방으로 갑니다. 그리고 침대 위에 올라가 갖가지 공연을 펼칩니다. 침대는 무대가 되기도 하고, 비행기가 되고, 크루즈 선이 되기도 합니다. 신나고 재미있게 뛰어놉니다.

아이들이 침대 위나 이불 위에서 뛰어노는 것을 나는 막지 않습니다. 침대 위에서 뛰는 것도 초등학교 저학년 때뿐일 겁니다. 언젠가 청소년들이 쓴 글을 읽은 일이 있는데, 어릴 때 엄마가 침대에서 뛰지 말라고 해서 안 뛰었답니다. 그런데 중학생이 되어 뛰어보니 아무 재미가 없었다는군요. 하고 싶은 놀이는 그때 해야 재미있고 기억에 남습니다.

너무 오래 뛰기에 '엄마는 침대에서 뛰면 뭐라고 하니?' 하고 큰 녀석에게 물었더니 아무 말 없이 침대에서 내려왔습니다. 며칠 지나서 또 뛰어도 모른 체할 겁니다. 제 엄마는 모를 테니까요. 그리고 지금 안 뛰면 언제 뛰겠습니까? 조금 크면 하라고 해도 안 할 테니까요.

✦ 나, 여기 있지! (2020.04)

코로나19 사태로 인해 아이들이 학교에도 유치원에도 가지 못합니다. 공부는 학원에서 하는 것으로 아는 녀석들이라 공부는 안 하려고 합니다. 같이 놀자고 합니다. 에너지가 넘치는 녀석들 때문에 70이 넘은 나는 금방 녹초가 됩니다. 공부하면 내가 덜 힘들 텐데 말입니다.

동생이 장님이 되었습니다. 언니는 '나 여기 있지!'를 외치며 손뼉을 칩니다. 위험하다고 작은 녀석에게는 술래를 안 시켰는데 저도 하고 싶답니다. 눈을 안대로 가리고 손뼉 소리를 쫓아가는 것이 재미있어 보였나봅니다. 작은 녀석은 내가 바로 앞에서 손뼉을 치니 막 잡으려고 합니다. 아이들의 입이 귀에 걸렸습니다.

눈 감은 내가 심 봉사가 되어 '심청아 아빠 두고 어디 가니? 이리 와라.' 애절한 목소리를 내며 손뼉 소리를 쫓아다니면 아이들을 더 좋아라 합니다.

놀이는 자꾸 바뀌어 갑니다. 꼬리잡기, 기차놀이가 이어집니다. 손님이 둘밖에 없는 기차는 집안을 몇 바퀴 돌며 세계 여행을 계속합니다.

나 여기 있지

✦ 나팔꽃 씨앗 심기 (2020.04)

나팔꽃 씨앗을 화분에 심기로 했습니다. 겨울옷을 챙겨 입고 마스크를 쓰고 오랜만에 밖에 나왔습니다. 코로나 때문이지만 솔직한 심정은 두 아이를 감당하기 힘들어서 밖으로 데리고 나가지 않는 편입니다. 너무 오랫동안 나오지 않아서 아이들도 나가자고 떼를 쓰지 않거든요.

화분을 하나밖에 준비 못 해서 작은 녀석은 플라스틱 빈 통에 구멍을 뚫어주었습니다. 흙은 집에 있는 분재용 흙을 준비해 나갔지요. 흙을 파낼 곳이 적당하지 않거든요. 밖에 나가 작은 자갈돌을 찾아 화분 밑에 깔기로 했습니다. 동글동글한 자갈과 더 작은 자갈을 쉽게 찾을 수 있었습니다. 그 위에 집에서 가지고 나간 흙을 채웠습니다. 아이들이 흙 만지는 것을 싫어해서 비닐장갑을 끼고 거추장스럽게 작업합니다.

준비한 화분에 나팔꽃 씨를 심었습니다. 아이들은 배운 대로 손가락으로 구멍을 내고 씨앗을 넣었습니다. 큰 녀석은 작은 녀석에게 3, 4개만 넣으라고 합니다. 너무 많이 심지 말라고 합니다. 그러나 아무래도 괜찮습니다. 많이 나면 뽑아내면 되니까요.

마지막 물 주기입니다. 분무기를 찾다가 조심스럽게 물을 줍니다. 참, 팻말 꽂는 일은 하지 않았네요. 그 대신 큰 녀석의 일기장에는 씨앗 심기의 즐거움에 관해서 썼습니다. 그리고 매일 해줄 것도 적었는데 그중에 '좋은 말 하루에 한 번씩 해주기'도 있었습니다. 그래야 씨앗이 빨리 싹트고 잘 자란다고 하면서 말입니다.

내가 남의 집 울타리에서 채취해 주머니 속에 넣어두었던 나팔꽃 씨앗이 아이들의 작은 화분에서 싹이 트고 꽃이 피기를 기대합니다.

나팔꽃 씨앗 심기

✦ 손녀의 시 (2020.04)

죽은 듯이 서 있던 나목들이 지금 신비롭고 위대한 과업을 수행하고 있습니다. 꽃 피는 순서를 작은 풀포기에 양보한 큰 나무들은 꽃만큼이나 아름답고 빛나는 연둣빛 잔치를 시작했지요.

창밖을 보다가 아이들에게도 그 아름다움을 전해주고 싶습니다.

"나무가 너보고 뭐라고 하는 것 같니?"

"응, 춤추자고 하는 것 같아."

"그럼 꽃은?"

"노래 부르자고 하지!"

"해님은 달리기 시합하자고 하고."

묻지도 않았는데 자꾸 이어집니다.

"구름은 나하고 울음 참기 시합하고."

"달님은 빨리 잠자기 시합하는 거야."

처음 시작은 내가 이끌었으나 녀석은 지금 시를 읊고 있습니다.

그래서 정리해 봅니다. 내가 의도한 봄의 신비로움이 '시합'으로 바뀌었으나 그 시합이 순수하고 예쁜 시합입니다.

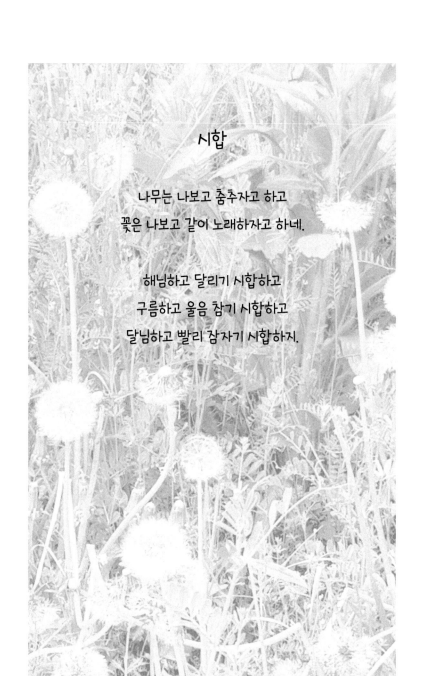

시합

나무는 나보고 춤추자고 하고
꽃은 나보고 같이 노래하자고 하네.

해님하고 달리기 시합하고
구름하고 울음 참기 시합하고
달님하고 빨리 잠자기 시합하지.

✦ 소중한 가족 (2020.04)

작은 녀석 때문에 오늘도 코끝이 찡해졌습니다. 작은 녀석이 조금 전에 다림질해서 걸어놓은 제 아빠의 남방셔츠 옷소매를 잡고 빙빙 돌리며 늘어집니다.

"시우야, 그러면 안 돼. 할머니가 아빠 예쁘게 입으라고 다림질한 것이 쪼글쪼글하잖아."

"난 아빠가 좋단 말이야."

아빠가 좋아서 아빠 옷에 매달리고 있는데, 그것도 모르고 구거질까 걱정하고 있으니 참 한심한 할머니입니다.

"엄마가 늦게 올 때 아빠가 재워준단 말이야. 난 아빠가 좋아."

갑자기 아빠가 보고 싶고 감정이 북받치는 모양입니다. 눈물이 그렁그렁하더니 가족사진이 걸려있는 곳으로 통통통 뛰어가 손가락으로 가족들을 가리킵니다.

"엄마, 아빠, 언니, 나. 소중한 우리 가족이야."

가족사진을 보고 풀어졌던 마음에 불현듯 무언가 떠오른 모양입니다.

"그런데 밤에만 볼 수 있잖아."

목소리에 눈물이 더 많이 배었지만 눈물은 흘리지 않았습니다. 큰 녀석은 어느만큼 면역력이 생겼나 봅니다. 동생과 가족사진을 번갈아 보더니 놀이방으로 들어갑니다.

'소중한 가족' 엄마 아빠는 저희가 깨기도 전에 출근했다 밤 8시에 돌아오니 아이의 마음이 얼마나 허전하고 외로울까요?

늘 그래왔으니까 하면서 포기하고 그리움을 참았을 녀석의 어린 마음이 전해져 코끝이 찡해집니다. 눈에 넣어도 아프지 않을 녀석들을 두고 나가는 아들 내외의 아픔도 녀석의 그리움의 크기와 다르지 않을 겁니다.

엄마 아빠 출근 전에는 침실에서 나오지 말라고 했답니다. 떨어지지 않으려고 우는 녀석을 보기 안타까워 그랬을 거란 생각이 듭니다.

그동안 외할머니가 돌봐줬고, 이제는 일 년에 몇 차례 만나지 않던 친할머니가 교대로 돌봐 주지만 엄마 아빠의 따뜻한 품과 어찌 비교하겠습니까. 거기다 아이 돌봄 아줌마도 드나들고 있으니, 아이 입장에서는 늘 남들과 있는 것이지요.

내일은 토요일이고 날씨도 따뜻해진다니, 녀석들은 '세상에서 제일 소중한 가족'과 즐거운 시간을 보내겠지요.

우리 가족이 좋아

✦ 죽을 때까지 같이 안 논대 (2020.04)

두 녀석이 놀이방에서 도란거리며 놀더니 작은놈이 부르르 달려 나와 소파에 누워버립니다. 그리고 쿠션 밑으로 얼굴을 파묻습니다. 놀이방에 같이 있던 언니는 별말이 없었습니다. 두 녀석이 다투고 언니한테 혼난 모양입니다.

나는 아이들 점심을 준비 중이었는데, 무슨 일인지 궁금했습니다. 작은 녀석에게 단단히 서운한 일이 있었구나 싶었지만 자세한 내막은 모릅니다. 속상할 때는 제 침대로 기어올라 이불을 뒤집어쓰고 삭히는 일을 몇 번 봤기에 그냥 두면 안 될 것 같았습니다.

"시우야, 왜 그래. 언니한테 혼났어?"

대답이 없습니다.

"시우야, 울고 싶으면 울어. 크게 소리 내어 울어도 돼. 그리고 속상한 거 있으면 말해 봐."

갑자기 작은 녀석의 울음소리가 터져 나왔습니다.

"그래 그렇게 울어. 속상하면 더 크게 울어."

그 말에 녀석의 흐느낌 소리는 더 커졌습니다. 그리고 울음소리 사이사이에 억울한 사정을 이야기합니다.

"언니가 죽을 때까지 나랑 안 논대."

그 소리가 너무 슬펐던 모양입니다. 언니가 안 놀아준다는 것은 정말 무서운 일이지요.

"언니야. 시우랑 죽을 때까지 안 논다고 했니?"

"응. 내가 놀이방 같이 치우자고 하니까 안 치워서 그랬어. 정말 안 놀 거야."

"같이 치우면 같이 놀래?"

"같이 치우면 그러지 뭐!"

동생이 우는 소리에 놀랐던지 언니는 바로 주장을 굽혔습니다.

금방까지 서글프게 울던 녀석이 눈물을 쓱 비비고 언니한테 갑니다. 그리고 같이 놀이방을 치우기 시작합니다.

'애야, 속상하면 울어, 크게 소리 내어 울어도 돼. 그리고 속상한 거를 말하는 거야. 혼자 참지 말고. 알았지?'

내 차례야, 비켜

✦ 엄마는 할머니 딸도 아니잖아 (2020.04)

며느리의 남방셔츠가 빨래 건조대에 걸려있습니다. 건조기에 넣으면 쪼글거리니 탈수해서 걸어놓은 것 같습니다. 요즈음 옷은 완전히 면이 아니어서 주름이 많이 안 생겨서 그냥 입을 수 있지요.

아이들도 저희끼리 놀이방에서 놀고 있어서 여유가 생겼습니다. 그래서 다리미질 준비를 하는데 작은놈이 다가와 쪼그리고 앉습니다.

"할머니, 그거 엄마 거야."

"알아. 엄마 예쁘게 입으라고 다림질하려고."

"근데 엄마는 할머니 아들도 아니잖아."

나는 녀석을 저만치 물러앉게 하고 다림질을 계속했습니다.

며칠 전 아들의 남방셔츠를 다림질할 때 녀석이 물었습니다.

"할머니, 아빠 옷 왜 다려?"

"응, 네 아빠 예쁘게 입으라고."

"왜 예쁘게 입어?"

"할머니 아들이니까."

하고 이야기했는데, 그때의 일이 생각났던가 봅니다.

나는 무어라 대답해야 할지 잠깐 망설였습니다. 딸은 아니지만 마음이 쓰이고, 그렇다고 내 자식만큼은 아니고….

"응. 네 엄마는 딸은 아니어도 딸과 똑같아. 그래서 예쁘게 해주는 거야."

다시 또 무엇을 물을지 겁이 났습니다. 그러면 또 어떤 답을 찾아야 할지도.

"근데, 시우야. 여기 있으면 뜨거워서 위험해. 언니랑 같이 놀아."

"응. 알았어."

녀석은 순순히 일어서서 언니한테 쪼르르 달려갑니다. 나는 분무기로 물을 뿜고 다시 다림질을 시작합니다.

7세 손녀의 그림 〈동물원〉

✦ 아기는 할머니 집에 (2020.04)

"할머니, 누구랑 결혼할지 정해야 해."

작은 녀석이 점심을 먹다 뜬금없는 소리를 합니다.

"뭐 하러 지금부터 정해. 결혼하려면 한참 남았는데."

아이는 또 상상의 날개를 폅니다.

"나 아기 낳을까?"

"그러겠지."

저도 엄마가 된다고 좋아하였습니다.

"그렇다면 아기는 할머니 집에 데려다줘야지."

"너는 뭐하고 할머니 집에 데려다줘?"

"나는 회사 가야지."

"이 녀석아, 그때는 할머니 이 세상에 없을 거야."

"할머니 죽어?"

녀석이 나한테 아기를 맡기고 회사를 가겠다는 시기는 아무리 빨라도 20년 후가 될 테니 그때는 내 나이 100살 가까이 됐을 때이겠지요. 아마 90%는 이 세상에 없을 것입니다. 만약 살아있다 해도 마음대로 기동할 수 있는 능력이나 있을지 모르지요.

"그럼, 그때는 할머니 죽을 거야. 자, 이제 그만 이야기하고 놀자."

녀석의 생각을 다른 데로 이끌며 나는 허전해집니다. 그리고 여자로 살아갈 아이들의 미래가 걱정됩니다. 제발 그때쯤은 육아가

여자만의 문제가 아니길 기대해 봅니다. 육아에 대해서 국가에서
혁신적인 지원책을 세워 실천하지 않는 한 인구 감소는 해결되지
않을 것입니다.

아기는 할머니 집에

✦ 2020학년도 처음 학교 가는 날 (2020.05)

지금 5월인데 2학년이 되어서 처음으로 학교 가는 날입니다. 학교에 가야 하나도 재미없을 것 같다던 녀석이 시간 맞춰 일어나고 다른 날보다 부지런히 양치, 세수하고 난 뒤 가방을 짊어지고 집을 나섭니다. 문을 나서다가 뒤돌아보고 나더러 같이 가달라고 합니다. 가방이 무겁다고 핑계를 대지만 다섯 달 동안 어울려 보내다 저 혼자 떨어져 나가는 것 같은가 봅니다.

가방이 제법 무거웠습니다. 가방은 내가 들고 녀석은 발걸음도 가볍게 걸어갑니다. 꽃 이야기를 해달라고 해서 토끼풀꽃 이야기를 하며 걸어갔습니다. 마스크를 쓰고 걸어가며 이야기를 하자니 좀 힘들었습니다. 그러나 아이가 자연에 친근감을 가지고 아름다움을 발견하고 느낄 수 있는 기회를 주고 싶었습니다.

교문에는 현수막이 걸려있고, 선생님들이 나와 아이들을 반겨주었습니다. 취재진도 나와 있었습니다. 선생님도, 친구도, 그리고 교실도 새롭겠지만 지난 1년간 학교생활에 익숙해졌으니 잘 지내리라 믿습니다.

녀석은 유독 친구들을 좋아하는 성격인데 마스크를 쓰고, 거리를 두고 지내야 하는 것에 너무 불편을 느끼지 않았으면 좋겠습니다. 손녀가 학교에 다녀와서 일기장에 쓴 글입니다.

학교 가기 기다렸는데

학교 가기 기다렸는데,
학교 가면 재미있을 줄 알았는데,
하나도 재미없다.

내 짝이 누구일까 궁금했는데
혼자씩 앉아야 하고
책상에는 울타리가 쳐졌다.

학교 가면 재미있을 줄 알았는데
밥도 혼자 먹어야 하고
친구하고 손잡고 놀지도 못하고
하나도 재미없다.

차라리 학교 안 가고
집에서 e학습터 공부하고 싶다.

✦ 아빠는 동생만 예뻐해 (2020.05)

"할머니, 아빠는 시우만 예뻐해. 내가 다리 아프다고 했는데 아무 말도 안 하더니, 시우가 다리 아프다고 하니까 어디 아프냐고 주물 주물 해줬어."

"그래서 많이 속상했겠다."

"응."

"첫째 딸이 아프다고 하는데 아무 말도 안 하다니 이 나쁜 놈 같으니. 할머니가 아빠 등을 두 손으로 찰싹 소리 나게 두 번 때려줘야겠다."

잠시 뜸을 들인 아이는 나를 말립니다.

"할머니, 아빠 때리지 마."

"아냐, 네 아빠는 할머니 아들이니까 잘못했으면 맞아야 해."

아이는 나를 쳐다보며 살며시 미소 짓습니다. '아빠 안 때릴 거지?' 하는 표정으로.

한참 있다가 아이는 또 이야기합니다.

"할머니 나는 빨리 크고 싶은 소원하고, 아기로 돌아가고 싶은 소원이 있어."

"왜 아기로 돌아가고 싶은데."

"뭐든지 내가 더 잘하는데 모두 시우만 예뻐하잖아."

"에이, 너 시우 동생으로 돌아가고 싶니? 그러면 시우한테 '언니'

하고 불러야겠네. 콧구멍 파는 동생을 언니라고 불러야겠네. 또 있지. 가끔 팬티에 오줌도 적시는 언니."

그건 또 아닌 모양입니다. 그래도 동생보다 더 어려져서 부모의 사랑을 독차지하고 싶은 미련을 버릴 수가 없는 아이의 마음을 알 것 같습니다.

아빠는 동생만 예뻐해

✦ 둘째 아이의 자존감 (2020.05)

둘째 아이는 대부분 큰 아이보다 예쁩니다. 본능적으로 예쁘게 태어난다는 말도 있습니다. 그래야 부모의 사랑을 더 차지할 수 있을 테니까요. 거기다 둘째로 살아가며 사랑받는 법도 본능적으로 익히게 마련이지요. 쓸데없이 떼를 써야 본전도 못 찾는다는 것은 일찌감치 체득합니다.

부모가 없을 때 언니 말을 듣지 않으면 매를 번다는 것을 철들기 전에 알아챕니다. 부모도 마찬가지입니다. 아이를 키워본 경험 없이 첫아이를 맞이한 젊은 부모는 어떻게 키워야 잘 키우게 될지 두려운 마음이 앞섰을 겁니다.

둘째를 키울 때는 첫아이를 키우며 얻은 지혜로, 자식을 사랑할 수 있는 부모로서의 그릇이 완성되어 가지요. 그래서 작은 아이에게는 욕심부리지 않고 편한 마음으로 느긋하게 기다리며 사랑하게 되는 것이 아닐까 싶습니다.

첫아이는 대부분 고집이 세고 자기 뜻대로 되지 않으면 울음보를 터뜨리기 일쑤며 막무가내고 좀 더 크면 난폭하게 굴기도 합니다. 첫아이에 대한 귀함과 자식을 키워보지 않은 부모의 경험 부족으로 아이의 뜻을 받아주다 보니 그렇게 자라는 것이라고 생각됩니다.

첫아이 역시 동생이라는 강적을 만나게 되고, 자신에게 쏠리던 시선이 동생에게 집중되는 것을 보고 심통을 부리는 것일 겁니다.

거기다 자신은 노력해서 부모의 사랑을 얻었는데, 자신보다 못하고 똥오줌도 잘 가리지 못하는 어린 동생이 사랑받는 것은 너무 불공평하고 속상할 것입니다.

부모는 이제 아이가 둘이 되니 버겁기도 해서 '동생은 안 그러는데' 하며 비교하게 되지요. 그러면 큰 아이는 더욱 외로움을 느끼고 더욱 고집 세고 난폭한 아이로 변해가지요.

우리 손녀들도 마찬가지입니다. 큰 손녀는 모든 것을 제 마음대로 하려 하고 작은 녀석은 언니의 뜻에 절대복종합니다. 큰 녀석 말에 따르면 '지가 잘못하고 엄마 앞에서는 징징거려서 나만 혼난다.'라는 이유로 동생이 밉다고 합니다.

큰 녀석은 '예쁘고, 날씬하고, 공부 잘하고.' 등등 자신에 대한 긍정적인 생각을 가지고 있습니다. 녀석의 말대로 자신이 해야 할 일은 당차게 해냅니다. 집중력 있게 끝까지 해내려 노력합니다. 여간해서는 '잘못했다', '미안하다'라는 말을 하지 않습니다. 게임을 해도 이겨야 직성이 풀리고 지면 참지 못해 합니다. 작은 녀석은 아닙니다. 아예 처음부터 못한다고 도와달라고 합니다. 조금만 실수해도 '잘못했다', '미안하다'를 입에 달고 삽니다.

그런데 오늘 작은 녀석이 제 언니한테 장난으로 보낸 음성 메시지를 듣고 놀랐습니다. 언니에 대한 말은 부정적인 말이 없는데 자신에 대한 말은 '시우 바보'를 비롯해 부정적인 것이 많았습니다. 누가 자신을 바보라고 하면 '바보 아냐.' 하면서 울음보를 터뜨리는 녀석인데, 언니한테 보내는 메시지에 자신을 바보라고 한 말 마음이 아팠습니다. 언니 앞에서는 바보가 되어도 된다고 생각하는 것은 아닌지 걱정되었습니다.

작은 아이의 자존감 키워주기 작전을 펼쳐야겠다고 생각했습니다. 색칠 공부할 때도 '도와줘'를 입에 달고 징징거리는데 제힘으로 할 수 있는 구역을 정해주고 그곳은 혼자 힘으로 해결하도록 채근했습니다. '도와달라'라고 어리광을 부리던 녀석이 깔끔하게 색칠을 했습니다. 칭찬해 주었습니다. 아주 많이 칭찬해 주었습니다. 앞으로 더욱더 칭찬해 주어야겠습니다.

다음 날 아들이 보내준 음성 메시지에 작은 녀석의 목소리가 저장되어 있었습니다.

너는 할 수 있어

"나는 나는 예뻐. 엄마도 엄마도 예뻐. 나는 원래부터 예뻐요~ 엄마도 예뻐요! 아앙!"

제 마음대로 멜로디를 넣어 부르는 노래였습니다. 그렇게 자존감이 강한 아이로 크기를 기대해봅니다.

✦ 책상의 위치 (2020.05)

아들이 큰아이에게 책상을 사주었습니다. 공부방에 놓지 않고 거실에 책상을 놓았습니다. 두 아이는 한 의자에 붙어 앉아 e학습터의 동영상을 시청 중입니다.

그동안은 공부방에 있는 어른용 책상에서 공부했습니다. 그래서 거실에 작은 상을 펼쳐놓고 공부하는 경우가 많았습니다. 아이들용으로 작은 책상 하나 사주면 좋겠다고 몇 차례 이야기했는데 아들 녀석은 별 반응이 없습니다.

아들 녀석은 어릴 때부터 자기 방을 갖고 싶어 했습니다. 아이들 방을 따로 만들어주지 못할 형편은 아니었는데도 그러지 못했습니다. 아끼는 것이 일상이었기에 남들처럼 연료비, 전기료 아끼느라 공부방을 만들어주지 못했습니다. 부모에게 뭘 해달라고 떼를 쓰는 녀석들이 아니었기에 별말 없이 좁은 방에서 같이 머리 맞대고 공부하며 자랐습니다. 그래서인지 제 아이들은 공부방에서 공부하는 것이 좋다고 생각한 모양입니다.

그러나 초등학교 3, 4학년 때까지 아니 그 후에도 아이들은 자기가 공부하는 모습을 보고 부모가 칭찬해 주기를 원합니다. 저학년 아이들에게 칭찬이 없다면 공부할 의미가 없는 것이지요. 친구와 나가 놀면 재미있을 겁니다. TV, 스마트폰도 다 재미있는데, 재미없는 공부만 하라니 좋아할 리 없지요. 그래서 칭찬이 필요한 것입니다. 아이들은 칭찬받기 위해 공부하는 것이지요. 그중에 부모의 칭찬이 절대적입니다.

책상이 처음 들어온 날 의자에 앉아서 좋아하는 큰아이에게 책상이 거실에 있으니 좋으냐고 물었습니다.

"좋아요. 공부하다 모르는 것이 있으면 엄마에게 물어볼 수 있어서 좋아요."

"또 좋은 거 없니?"

"공부하다 안 보는 척하면서 슬쩍 TV도 볼 수 있어요."

아이가 히죽 웃으며 말합니다.

아이들은 엄마가 같이 놀아주지 않고 옆에만 있어도 기가 살아납니다. 엄마가 주방에서 음식을 만들거나 다른 일을 하며 바쁘게 움직여도 '엄마' 하고 부르면 금방 대답을 들을 수 있으니 얼마나 좋겠습니까! 모르는 것이 있어도 엄마만 부르면 해결할 수 있습니다. 공부 잘한다는 엄마의 칭찬도 들을 수 있으니 참 좋은 일입니다. 가장 중요한 것은 동생을 견제할 수 있는 일입니다. 늘 엄마 애정의 경쟁 상대인 동생이 어리광을 부리며 고자질할 텐데 혼자 떨어져서 공부하고 있었으니 얼마나 외로웠겠습니까.

아이는 열공 중입니다. 이제는 내 도움 없이 스스로 e학습터에 들어가서 자료를 클릭하여 수업합니다. 학습효과가 학교에 가는 것만 못하지만 시간에 맞춰 스스로 인터넷 수업을 받고 있습니다. 학원 숙제도 책상에 앉아서 하고, 책 읽기도 거기 앉아서 합니다. 전에는 공부방에서 영어 듣기 숙제 다 했다고 하며 사인해달라고 책을 가져오면, 했는지 안 했는지 미심쩍었을 때가 없지 않았습니다. 다섯 번 따라 읽으라 하면 두어 번쯤은 빼먹는 눈치도 보였습니다. 그런데 지금은 눈앞에서 영어 따라 읽기 숙제를 하니, 나는 손녀의 영어 읽는 모습을 봐서 좋습니다. 아이는 내가 잘한다고 칭찬해 주는 말을 들어서 좋아합니다.

공부가 더 잘 돼요

✦ 유치원이 없어졌대요 (2020.05)

"유치원이 없어졌대요. 그래서 놀이 학교에 가야 해요. 이제 이○○를 못 만나요. 이○○는 놀이 학교에 안 온대요. 이○○가 나랑 결혼한다고 했는데 이제 못 만나요."

언니가 학원에 간 뒤 나와 둘이 남게 되자 작은 아이는 쫑알거리기 시작합니다. 언니가 있으면 동생의 말에 토를 달기 때문에 이야기를 많이 나눌 수가 없었지요.

"다른 유치원에 갔는데 어떻게 만나? 다른 친구와 사이좋게 지내면 돼"

"나는 이○○를 만나야 해요. 결혼하자고 했으니까요."

"다른 친구는 안 멋져요. 이○○가 멋져요."

유치원이 없어졌답니다. 법적 문제로 소송 중이던 유치원이 패소했답니다. 그래서 유치원을 폐원하고 정부의 관리를 벗어날 수 있는 놀이 학교로 개원을 한답니다.

계속 그곳에 아이들을 보내려면 비용을 많이 부담해야 합니다. 정부의 보육비 지원은, 가정 돌봄 정도밖에 받을 수 없답니다. 그걸 알면서도 부모들의 대부분은 그러지 못합니다. 아이들이 엄마를 떠나 처음 대하는 사회였고, 이제 겨우 익숙해진 환경인데 다른 데로 보내기가 쉽지 않은 모양입니다.

지난해부터 다녔던 유치원이고, 3월 개원만 기다리고 있다가 코로나 때문에 개원이 늦어진다고 여기도 있었습니다. 그런데 이제 와서 폐원했다니 부모들은 난감했을 것입니다.

아들네도 여기저기 유치원을 방문해 봤는데 마땅한 곳을 찾지 못했답니다. 낯선 환경, 낯선 선생님, 낯선 아이들에 힘들어할까 걱정된답니다.

무엇 때문에 법적 분쟁이 생겼는지는 모르지만 5월에야 법원에서 폐원을 통보했답니다. 금년은 전대로 유지할 수 있도록 행정조치를 내릴 수는 없었는지 생각해봅니다. 유치원의 비리에 열을 올렸던 나도 우리 일이 되니 생각의 날이 무뎌지는 것은 어쩔 수 없는 일입니다.

엄마들의 걱정과 달리 아이는 상상은 날개를 달고 날아다닙니다.

"이제 발레도 배울 거예요. 강당에 피아노도 있고, 발레 발표회도 한대요. 할머니도 오고 싶으면 오세요."

아이는 크게 선심을 쓰듯 자신만만한 표정을 지으며 말합니다.

"친구들이 보고 싶어요. 코로나가 빨리 끝나야 유치원에 가요."

아이는 코로나 탓을 하며 친구들을 빨리 만나고 싶어합니다.

✦ 언니는 학교 가고… (2020.05)

언니는 학교 가고 작은 녀석만 남았습니다. 아직 유치원에 가지 않습니다. 유치원이 문을 닫고 6월부터 놀이 학교로 바꾸어 개원한다고 합니다. 며칠 더 나하고 둘이 보내야 할 것 같습니다. 혼자 있으니 좀 수월할까 했는데, 아니었습니다. 아침부터 부대끼기 시작했습니다.

녀석은, 전날 언니가 옷 입히기 스티커를 가지고 인형에게 새로운 옷을 입혀주며 재미있게 노는 모습을 부러워했습니다. 저는 공룡 스티커를 사고 싶었는데, 엄마가 안 사줬다고 했습니다. 그래서 내일 사준다고 했거든요. 그랬더니 어제부터 여러 차례 약속을 확인합니다.

언니가 학교에 가자마자 마트에 가자고 조릅니다. 10시가 돼야 문을 연다고 달래보았으나 소용없었습니다. 9시 30분에 집을 나섰습니다. 당연히 문이 안 열렸지요. 다른 문구점에 들렸지만 자기가 원하는 것이 아니랍니다. 다시 돌아와 마트의 문 앞에서 기다립니다.

공룡 스티커와 인형 옷 입히기 스티커를 사 가지고 집에 돌아오더니 아이는 어제 그렇게 노래 부르던 공룡 스티커는 쳐다보지도 않습니다. 그리고 옷 입히기 놀이를 시작했습니다. 먼저 인형을 떼어냈습니다. 그리고 옷을 입히기 시작했습니다.

인형에게 옷을 입힙니다. 나는 작은 놈의 친구가 됩니다.

"이건 나고, 이건 친구(할머니)야."

아이는 인형의 옷을 자꾸 갈아입힙니다. 드레스도 입히고, 짧은 원피스도 입히고, 그리고 수영복도 입힙니다. 나도 아이를 따라가야 하니 비슷한 옷을 갈아입힙니다. 아이는 옷을 갈아입고 수영장에 가고, 마트에 가고, 무도회장에도 갑니다. 혼자 가는 게 아니고 할머니인 나랑 아니, 친구인 나랑 같이 갑니다.

"친구야, 마트에 가자.", "친구야, 드레스 입자.", "친구야, 너는 이거 입어.", "친구야, 댄스 타임이야." 허리가 아파 움직이기 싫어하는 나를 채근합니다. "할머니, 이제 춤춰야 해.", "친구야, 수영장에 가자. 수영 모자 써야 해."

아이의 말에 하나하나 대꾸하다 보니 입이 마르고 지쳐버렸습니다. 소파에 누워버리며 친구 아프다고 했지만 막무가냅니다. 괜히 인형 옷 입히기 사줬다고 후회가 될 정도였습니다.

아직 소근육의 발달이 완성되지 않은 단계라 인형에게 작은 신발을 신기는 것 같은 섬세한 동작은 무리라 생각했지만 잘하고 있었습니다. 그렇게 좋아하는데 왜 처음부터 인형 스티커를 사달라고 하지 않았을까 궁금했습니다. 혹시 언니가 '너는 아직 어려서 못해.' 한 것은 아닐까요? 혹시 언니가 '나랑 똑같은 거 사지 마.' 하고 말했는지도 모릅니다.

아이는 어제 3,000원짜리 인형 옷 입히기 스티커로 아주 행복했습니다.

✦종이컵 성 쌓기 놀이 (2020.05)

며느리가 아이들 놀이용으로 종이컵 한 박스를 사 놓았습니다. 아이들은 가끔 그 종이컵으로 방안에 성 쌓기 놀이를 하며 놉니다. 인형 옷 입히기 놀이에 빠져있는 녀석을 움직이게 해주고 싶어서 종이컵 박스를 거실로 내왔습니다.

아이는 종이컵을 이용하여 성을 쌓습니다. 중심을 잘 잡으며 성을 쌓습니다. 조심조심 성을 쌓습니다. 녀석이 쌓은 성은 뒤쪽의 7층짜리 성과 위성이 두 개입니다. 성 쌓기는 내가 이겼습니다. 성을 높이 쌓아야 이따가 성을 공략할 때 더 신이 날 것 같아서 녀석을 배려하지 않았습니다.

컵 쌓기 놀이의 백미는 남의 성 공략입니다. 종이 막대(키친타월 심)를 이용하여 적의 성을 마구 칩니다. 힘껏 쳐서 와르르와르르 무너지는 것을 보고 녀석은 깔깔거리며 좋아합니다.

전쟁이 끝났습니다. 온 방 안이 종이컵으로 난장판이 되었습니다. 그 모습을 보고 아이는 자기가 다 무찔렀다고 좋아합니다. 이제 놀이를 바꿀 차례가 되었습니다.

종이컵을 포개어 빨리, 높이 쌓는 놀이지요. 정리해야 하니까요. 방바닥을 기어 다니며 아이는 열심히 컵을 모읍니다. 나는 녀석의 주위로 흩어진 컵들을 슬쩍슬쩍 밀어놓습니다. 가끔 내 컵 탑을 녀석의 컵 탑에 갖다 대며 경쟁을 부추깁니다. 녀석은 더 신이 나서

또는 약이 올라서 부지런히 컵을 모읍니다.

짜잔! 이제 다 끝났습니다. 물론 아이가 이겼습니다. 아이는 만족한 얼굴이 되었습니다. 덤으로 방안도 깨끗해졌지요.

종이컵 쌓기 놀이

✦ 학교 가기 싫은 아이의 꾀 (2020.05)

큰놈은 학교에 가기 싫은 눈치가 역력합니다. 학교 갈 시간이 가까워지자 체온계를 들고 다니며 열이 난다고 했습니다. 우리 집 체온계가 0.1도 적게 올라가니 지금 37.6도가 맞다고 했습니다. 체온계 눈금을 보자고 했더니 맞다며 짜증을 부렸습니다.

선생님이 집에서 체온을 재보고 37.5도가 넘으면 학교에 오지 말라고 했답니다. 그래서 학교에 가지 않겠답니다. 내가 재보겠다고 했는데 체온계를 안 줍니다. 아이가 하는 짓이 미심쩍었지만 정말 열이 나면 큰일이다 싶어 체온계를 뺏다시피 하여 체온을 쟀습니다. 36.7도였습니다.

"학교에서 하루 종일 마스크 써서 이산화탄소 중독돼서 토할 뻔했단 말이야."

자기 체온이 정상인 것을 들킨 녀석은 계면쩍었는지 이런저런 이유를 댔습니다.

학교에 가니 앞, 뒤, 양옆 모두 남자아이들로 들러있고, 급식도 제 입에 맞는 것이 아닌 데다 마스크를 쓰고 있는 것이 답답했던 모양입니다. 녀석은 여자 친구들과 쫑알거리는 것을 좋아하는 성격이거든요. 온종일 집에서 다 받아주는 동생하고 할머니를 친구 삼아 풍부한 놀잇감을 이용하여 노는 것에 오랫동안 익숙해져서 학교가 별 재미없었나 봅니다.

"가기 싫으면 내일 엄마가 휴가를 낸다니 내일 엄마 있을 때 안 가면 되겠다. 그리고 정 가기 싫으면 엄마한테 전화로 말해."

아이는 제 엄마 이야기가 나오자 이것저것 학교 갈 물품을 챙기고 부지런히 양치하고 세수를 했습니다. 엄마가 어리광을 부리는 제 모습을 받아줄 리 없다는 것을 너무 잘 알기 때문일 겁니다. 그리고 내일은 엄마가 회사에 안 간다니 내일을 노리는지도 모르지요. 그렇지 않아도 몸이 허약해 안쓰러운데 그 모습을 보니 또 짠해집니다.

체온이 37.6℃라 학교 못 가

✦ 이제 코딱지가 안 맛있어요 (2020.05)

여섯 살이 되어서 처음 유치원에 갈 날이 정해진 5월의 어느 날이었습니다. 작은 녀석은 기대에 부풀었습니다.

"할머니, 나 여섯 살 되니까 코딱지도 안 맛있고, 손톱도 안 맛있어."

뜬금없는 말을 꺼냅니다.

"왜, 다섯 살 때는 맛있었니?"

"응, 다섯 살 때는 코딱지도 맛있고, 손톱도 맛있었어."

녀석은 비염 증상이 있어서 코딱지가 잘 생기는 편입니다. 그리고 코딱지를 파려면 손가락에 침을 발라야 잘 파지니까 손가락이 입으로 들어갔습니다.

나나 제 엄마는 손가락 입에 넣는 걸 보고 질색하지만 녀석은 말리는 우리를 약 올리느라고 일부러 코딱지 판 손가락을 입에 넣고 히죽거리곤 했습니다. 또 손톱을 자꾸 물어뜯어 그것도 좋지 않은 버릇이라 말렸습니다.

그런데 여섯 살이 되니 코딱지도, 손톱도 맛이 없다니 앞으로는 나쁜 버릇을 고칠 것 같은 예감이 들었습니다. 새로 시작하는 유치원에 가서는 코딱지 파고 손톱 물어뜯는 일은 하지 않겠다고 결심한 모양입니다.

가족들이 모두 걱정하면서 자꾸 잔소리하면 각인 효과가 있어서 더 할 것 같아 잔소리도 조심했던 나쁜 습관을 이제 졸업하려나 봅니다.

부모가 너무 걱정하지 않아도 나쁜 버릇을 스스로 고쳐나가며 자라는 아이들의 모습이 대견합니다.

코딱지 안 맛있어요

✦ 자매는 (2020.06)

큰 손녀가 학교에 데려다 달라고 합니다. 학교 갈 때마다 꽃 이야기 한편을 듣는 재미가 쏠쏠한지 꼭 데려다 달라, 꽃 이야기 해달라 조르곤 합니다. 그러면 작은 아이를 혼자 두고 달리다시피 다녀와야 합니다. 작은놈도 준비해서 유치원에 보내려면 서둘러야 하니까요.

그래서 작은 녀석한테 잠깐 혼자 있으라고 했더니 싫다며 가지 말라고 떼를 씁니다. 그 바람에 언니는 혼자 집을 나섰습니다. 큰 녀석은 동생이 없으면 좋겠다고 툴툴거리고 갔지요. 작은놈은 그것이 마음에 걸렸나 봅니다.

"왜? 언니가 화가 났지?"

"응, 내 아기공룡은 모두 다리가 부러졌어. 언니 것은 하나만 부러지고. 그리고 언니 것이 더 많아."

"우리 시우 진짜 속상하겠다."

할머니를 언니랑 못 가게 한 것은, 언니가 자기를 괴롭혔기 때문이라고 변명하는 모양새입니다.

아이들은 공룡을 좋아합니다. 제 아빠는 어릴 때 로봇을 좋아했지요. 그런데 잘 사주지 않자 로봇을 조립해서 갖고 놀았지요. 그때가 생각나서인지 아이들이 원하는 공룡을 사주는 것 같습니다.

공룡 알껍데기 속에 관절을 접을 수 있는 작은 공룡을 넣고 바닥에 던지며 "공룡 매카드" 하고 외치는 놀이도 합니다. 그러면 알 속에서 공룡이 튀어나와 대신 싸워주는 놀이지요.

처음에는 둘의 개수가 똑같았는데 작은 녀석은 유치원에 갈 때 한두 개씩 가지고 가서 잃어버리고 왔습니다. 자연히 개수가 줄어들었지요. 거기다 언니가 어떤 이유를 걸고 동생의 공룡을 획득한 뒤 돌려주지 않는 것도 있습니다. 제 물건을 극진히 아끼는 언니 것은 부상당한 것이 하나밖에 없답니다.

언니는 내가 처음 왔을 때는 풀쐐기 같았습니다. 제 살갗을 스치는 것은 말할 것도 없고, 신경에 거슬리기만 해도 쏘아댔으니까요. 자기보다 훨씬 못한 동생에게 부모의 사랑이 집중되는 것을 견제하다 보니 동생이 미웠겠지요. 지금은 전보다 훨씬 착해졌습니다. 2학년다워졌지요. 그러나 가끔은 동생을 향한 질투가 폭발합니다. 작은놈은 그런 언니를 무서워합니다. 크면 서로 의지하고 도울 녀석들이 지금은 서로 견제하고 티격태격합니다.

자매의 패션쇼

✦ 할머니, 아기는 잠지로 나오는 거야? (2020.06)

"할머니, 아기는 잠지로 나오는 거야?"

밥을 먹고 학교 갈 준비를 마친 큰 녀석이 뜬금없이 묻습니다.

"잠지에는 오줌 나오는 길 바로 옆에 아기 나오는 길이 따로 있어. 아기집에 연결된 길인데, 꼭 닫혀 있는 거야. 거기로 세균이 들어가면 안 되니까."

"그런데 그곳으로 어떻게 아기가 나와?"

"아기 나올 때가 되면 길이 열리고, 아기 머리가 나오기 위해 골반이라고 하는 뼈도 열리는 거야. 정말 정말 아파서 아기 낳는 엄마들은 엄청 소리를 지른단다. 어떤 엄마들은 너무 아파서 아빠의 머리를 잡아당기기도 한대."

녀석이 심각한 눈으로 나를 봅니다.

"그런데 말이야, 아기를 가슴에 안은 엄마는 아기가 너무너무 예뻐서 조금 전에 아팠던 것을 깨끗이 잊는단다."

아이의 얼굴이 환하게 밝아집니다. 다시 또 이야기를 이어갈 낌새를 보이자 등교를 독촉했습니다.

"이 녀석아, 그 이야기는 나중에 하고 어서 학교 가야지."

아이의 핸드폰 알람이 울립니다. 서둘러 학교에 가야 합니다.

결국 녀석이 한마디 묻습니다.

"그런데 사람은 왜 아기를 낳아야 해?"

"아기를 낳지 않으면 이 세상에 사람은 멸종되고 말 거야. 자, 그 이야기는 그만하고 어서 가. 늦겠다."

아이는 가방을 짊어지고, 마스크를 쓰고 씩씩하게 인사합니다.

"학교 다녀오겠습니다."

나는 뒷이야기에 대한 답을 준비해야 합니다. 녀석의 호기심이 그냥 닫힐 리가 없으니까요.

나는 결혼을 할 거야

3부

빨간 모자 공연 중

✦ 우는 아이 버릇 고치려는 할머니 (2020.06)

아파트 단지의 통행로에서 아이 우는소리가 요란하게 들렸습니다. 네댓 살쯤 돼 보이는 여자아이였습니다. 아이는 땀을 뻘뻘 흘리고 큰 소리로 울며 세발자전거 페달을 밟으며 누군가를 쫓아가는 듯했습니다. 혹시 돌봐주는 사람이 없으면 달래줄까 생각했습니다.

ㄱ자로 꺾어진 저쪽에서 앞장서 씽씽 걸어갔던 60대쯤으로 보이는 여자가 아이와 비슷한 톤으로 소리를 지르며 아이를 향해 뒤돌아오고 있었습니다. 뭐라고 하는지는 알아들을 순 없었지요. 어깨에 크로스백을 멘 상당히 키가 큰 노인이었습니다.

그분은 가족이었을까요? 아니면 '이모님'이라고 부르는 베이비시터였을까요? 잠깐 생각해봅니다. 만약 그분이 '이모님'이라면 네댓 살짜리 여자애가 지금 의지할 곳이라고는 성질이 깐깐해 보이는 이모님밖에 없어서 저렇게 울며 매달리는 것은 아닌가 싶었습니다.

전문직 여성들이 많아져서 일과 가정을 양립해야 되는 어려움을 겪고 있습니다. 육아가 큰 문제이지만 국가와 개인의 경제적 입장에서도, 자기실현을 위해서도 여성들의 사회진출을 권장해야할 일입니다. 엄마의 빈자리를 가족들이 담당해 준다면 그나마 다행이지만 잘 알지 못하는 사람에게 아이를 맡기고 직장에 가야 하는 여성들의 걱정은 말할 수 없을 것입니다. 옛날은 대가족 농경사회였기 때문에 가족들이 서로 돌봐 주었고, 여자들의 일도 집 안팎의 일이 대부분이어서 크게 문제는 없었을 것입니다.

아이는 울며 자전거 페달을 밟으며 할머니를 쫓아갑니다. 할머니가 우는 아이의 눈물 콧물을 닦아주고 자전거를 밀어주며 마트로 향합니다. 아마 엄마가 사주지 말라고 한 것을 사달라고 떼를 부렸던 모양입니다. 어차피 사줄 거 울리지 말고 미리 약속을 받아두고 사주는 편이 훨씬 효과적이라는 것을 할머니는 모르시나 봅니다. 의외로 아이들은 약속을 잘 지키는 편이거든요.

문득 전에 읽었던 베이비시터에 관한 소설 『달콤한 노래』가 생각났습니다. 육아 휴직을 마치고 직장에 돌아가는 워킹맘과 그녀의 두 자녀, 아이들을 돌보는 베이비시터, 그리고 영화감독인 남편이 등장하는 소설입니다.

'아이들의 시체를 발견하였다.'라는 섬뜩한 첫 문장으로 글이 시작됩니다. 처음에는 아이들을 잘 돌봐 주고 집안일까지 알뜰하게 도와주는 베이비시터였습니다. 조금씩 문제가 발생하는 것을 인지하면서도 지금 당장 해결할 방법이 없어 묵인해온 결과를 톡톡히 치른 셈이다.

경제적으로 궁핍하고 갈 곳도 없는 보모는 그 집에서 살아남기 위해 아이 엄마가 아기를 하나 더 낳기를 바랍니다. 그러나 그것이 여의치 않자 아이들을 손아귀에 넣습니다. 아이들은 엄마가 없는 긴 시간 보모의 말을 듣지 않으면 그녀에게 혹독하게 학대를 당합니다. 아이들은 부모가 없는 시간 그녀마저 없으면 자기들을 돌볼 사람이 없다고 여기고 부모에게도 알리지 않고 복종합니다. 주인이 없을 때는 그녀의 마음대로 움직이며 폭력적이고 거친 주인이 되어 집안에 군림합니다.

이 책을 읽으면 아이들을 남한테 도저히 맡길 수가 없을 것 같습니다. 그래서 나는 젊은 엄마들에게 이 책을 읽지 말라고 한 일이 있습니다.

'이모님'에게 맡겨진 우리 아이들, 체력적으로 한계를 느끼는 나는 '내가 보마.' 하고 자신 있게 말할 수도 없습니다. 제 부모한테 '오후에는 할머니 오시라고 하지 마.' 하고 다짐을 받은 모양입니다. 그런데 작은놈이 전화합니다. 전화기에서 흘러나오는 목소리는 대부분 첫째인 언니입니다.

"할머니 시우가 놀재요. 과자 따 먹기 안 하냐고 짜증 부려요."

나는 어쩔 수 없이 아들네로 올라갑니다. 오른팔이 빨리 회복되면 좋으련만.

놀며 크는 아이들

✦ 다이야 반지 (2020.06)

아홉 살 손녀에게 남자 친구가 생겼답니다. 잘 생기고, 키도 크고, 성격도 원만한 녀석입니다. 누가 봐도 좋아할 아이입니다. 어릴 때부터 같이 자란 아이들인데 벌써 커서 서로 남자 친구, 여자 친구 하기로 했답니다.

어제는 두 녀석이 아들네 집에서 놀았습니다. 학원 갈 때까지 잠깐 짬이 있어서 같이 놀고 싶었나 봅니다. 같이 앉아서 컴퓨터의 유튜브를 보기도 하고, 간식을 먹기도 하며 놀았습니다.

우리 집 손녀가 물었습니다.

"넌 내가 왜 좋으니?"

두어 번을 물었는데 대답하지 않습니다.

"그런 거 물으면 어떻게 대답하겠니?"

어리지만 녀석의 입장이 난처할 거 같아서 이야기를 흐리려 했습니다.

그런데 녀석이 뜬금없는 소리를 했습니다.

"나, 너한테 나중에 다이아 반지 사주려고 저금하고 있다."

우리 집 손녀는 그 말에 큰 비중을 두지 않은 듯 흘려들었습니다. 그런데 나는 뭐라고 말해야 할지 난감했습니다. 아무 말도 안 할 수는 없었습니다.

"야 이 녀석아, 결혼하려면 아직도 멀었는데 그런 걱정을 왜 해."

너무 심각하게 받아들이는 것도 좋지 않을 것 같아서 한마디만
한 뒤 녀석이 먹고 있는 간식으로 이야기를 바꾸었습니다.

"라면 과자 수프 너무 많이 먹으면 안 좋아. 라면도 절반이니 수
프도 절반만 먹는 거야."

"수프가 너무 맛있어요."

이렇게 대화는 다이아 반지에서 다른 것으로 옮겨 갔습니다. 그
런데 녀석의 '다이아 반지' 이야기를 그냥 흘러버리기엔 너무 예쁜
생각이라서 며느리에게 문자로 보냈습니다. 며느리는 웃음을 나타
내는 이모티콘을 보냈고, 그 이야기는 손녀의 남자 친구 엄마에게
도 전해졌습니다.

아이들의 이야기를 너무 심각하게 받아들일 일은 아니지만 그냥
흘러들을 수도 없는 일입니다. 아이들의 따뜻하고 아름다운 우정이
오래 계속되도록 어른들이 관심을 가지고 잘 보살펴야 할 것입니다.

3학년 손녀의 아이클레이 작품 〈친구 사이〉

✦ 남자 친구가 나를 좋아하는 이유 (2020.06)

'너, 왜 나를 좋아하니? 왜 나를 좋아해!'

전에 우리 손녀가 남자 친구를 데려와서 같이 놀며 묻던 말이 생각났습니다. 그 당시는 나 때문에 대답을 하지 않는 것 같아서 우리 아이를 말렸습니다. 그리고 며칠이 지난 뒤였습니다. 녀석이 뭐라고 대답을 했는지? 궁금했습니다. 성격이 온순한 그 아이와 놀 때도 싸우지 않고 잘 놀아서 어른들도 걱정을 안 하는 편입니다.

"○○가 너 왜 좋아한다고 하던?"

TV 만화에 빠져 있던 우리 큰 녀석은 곰곰이 생각합니다.

"첫째, 내가 예뻐서 좋대."

"그건 맞는 말이다. 그럼 두 번째 이유는 뭐래?"

"그건 내가 상냥해서래."

"그것도 맞다."

녀석은 다른 사람들에게 친절합니다. 웃는 얼굴로 먼저 다가가 인사를 합니다. 그런 것 때문에 제 아빠는 걱정합니다. 세상이 무서운데 먼저 다가가는 것은 좋지 않다고 말합니다. 어려운 일을 당한 사람을 보면 힘에 부치는 일인데도 도와주려 애씁니다. 그것도 칭찬할 수 없는 세상이 된 것이 슬픕니다.

"그럼 세 번째는 뭐래?"

나는 다시 질문하며, 우리 아이가 난이도가 높은 수학 문제를 도와주는 깃을 보았기 때문에 그 이유를 미리 짐작해 보았습니다.

"네가 똑똑해서라고 하지?"

"아니, 내가 어려운 일을 할 때 망설이지 않고 자신감 있게 해서 좋대."

예상 밖의 대답이었습니다. 우리가 볼 때 우리 아이는 겁이 많고 조심스러운 성격입니다. 음식에 대한 불안도 커서 편식이 고쳐지지 않는 편입니다. 그런데 어려운 일을 망설이지 않고 자신감 있게 해 결한다니 의외였습니다.

외할머니, 친할머니, 그리고 이모님까지 아이의 독단적이고 약간 고집스러운 성격까지 받아주고 묵인해 주어서 아이의 성격이 고집 스럽게 변해 가는지도 모릅니다. 또 거기다 아빠까지 가세해서 아 이를 조심스럽게 다루기 때문에 겁이 많은 아이로 자라고 있는지 모르고요. 실상은 진취적이고 자신감 넘치는 성격인데 말입니다.

세 번째 이유를 손녀의 남자 친구가 말했다면 그 녀석 역시 보통 은 넘는 것 같습니다. 이제 2학년인데 공부보다 자신감 있는 추진 력을 택한 것을 보면 말입니다.

그런데 역시 남자들은 예쁘고 상냥한 여자가 제일 마음에 드는 모양입니다. 우리 집 마흔 살짜리 막내 녀석도 잘 웃고, 예쁜 여자 를 첫째 결혼 조건으로 삼았으니까요. 그래서 정말 잘 웃고 예쁜 여자를 바로 옆에서 찾아 결혼했지요. 우리 막내 녀석도 세 번째 이유는 그 아이와 같지 않았을까 생각하며 혼자 웃었습니다. 우리 막내며느리 제법 당차게 생겼거든요.

✦ 천사의 나팔 (2020.06)

오늘은 아침부터 덥습니다. 기상관측 이래 6월 기온으로는 오늘이 최고였다고 합니다. 내일은 그 기록이 깨질지도 모릅니다.

작은 녀석은 아침에 레이스 망토가 달린 흰 천사 원피스를 입고 유치원에 갔습니다. 다녀와서도 아이들이 예쁘다고 했다면서 그 옷을 계속 입고 있습니다.

미술 선생님하고 같이 만든 나팔을 불고 다니며 좋아했습니다. 내가 천사가 나팔을 부는 것 같다고 했더니 제 언니도 학원 숙제를 하다 말고 동생의 나팔을 뺏어 불며 포즈를 취했습니다. 나팔 하나로 아이들은 천사가 되어 즐거워했습니다.

천사의 나팔

✦ 할머니의 부족한 생각 (2020.06)

유치원 차가 올 시간도 얼마 남지 않았는데 작은 녀석이 놀자고 합니다. 개구리알 먹기 게임을 하자고 합니다. 경기장에 있는 색색의 구슬은 개구리알입니다. 어떤 개구리가 알을 더 많이 먹는가 내기를 하는 놀이입니다. 나는 빨간 개구리, 아이는 초록개구리를 가지고 게임을 시작했습니다.

그런데 경기장에 남은 개구리알 두 개가 영 들어가지 않습니다. 녀석이 두 개의 구슬을 손에 집습니다.

"안 돼요. 손으로 개구리밥을 넣어주면 안 되지요."

녀석은 아무 대꾸도 하지 않고 손에 든 구슬 한 개를 먼저 내 개구리 입에 넣어줍니다. 또 한 개는 제 개구리 입에 넣어줍니다. 늙은 할미는 뭐라고 할 말이 없습니다. 그렇게 공평하게 개구리알 먹기 첫 번째 경기를 끝내고 뱃속에 들어간 개구리 알을 헤아립니다.

나는 게임을 빨리 그만둘 생각만 했지 공평하게 끝낼 생각은 미처 하지 못했습니다. 여섯 살 손녀가 할머니보다 훨씬 지혜롭다는 것을 인정하지 않을 수 없습니다.

✦ 내 피부는 소중하니까 (2020.6)

더운 날이 계속되고 있습니다. 어젯밤에 비가 와서 한풀 꺾이려나 했는데 오늘도 만만치 않게 덥습니다. 아이들은 학교 다니는 즐거움을 채 맛보기도 전에 더위와 씨름하게 되었습니다. 마스크를 쓰고라도 주 5일 학교 수업에 참여할 수 있는 것을 고마워해야 하겠지만요. 코로나 때문에 에어컨도 잘 켜 주지 않을 텐데, 더위가 일찍 와서 걱정입니다.

2학년짜리 손녀는 학교 다녀와서 오후에 다시 학원에 가야 하기 때문에 가장 뜨거울 때 밖에 돌아다녀야 합니다. 애들 엄마는 뙤약볕이 걱정되었는지, 아이에게 선크림을 준비해 주었습니다. 아이도 까먹는 날이 대부분이지만 오늘같이 선크림으로 단장하고 나갈 때가 있습니다. 오후 1시가 조금 못 되어 돌아온 아이의 얼굴이 빨갛게 달아있는 것을 보면 나라도 채근해서 바르라고 해야 하는데 나역시 까먹기 일쑤입니다.

오늘은 아이가 작정하고 앉아서 선크림을 바르고 있습니다. 엄마처럼 골고루 골고루 선크림을 바릅니다. 마치 '내 피부는 소중하니까요.' 하고 말하고 있는 듯합니다.

내 피부는 소중하니까

✦ 여섯 살 손녀의 약속 (2020.06)

유치원이 놀이 학교로 바뀐 뒤 아이들의 이동이 많았다고 합니다. 우리와 같은 동에서 열 명이 넘는 아이들이 버스를 탔는데, 새로 입소한 아이들이 둘 있기는 하지만 기존 아이들은 우리 아이와 아래층 남자아이뿐입니다. 친구 새로 사귀었냐고 물었더니 아니라고 합니다.

"이○○가 없잖아."

"그러니까 새 친구를 사귀어야지."

"안 돼, 이○○랑 결혼하자고 약속했으니까 만나야 해."

놀이 학교에 다니기 시작한 지 열흘이 넘었으니 이제 잊은 줄 알았습니다. 아이들은 새로운 것, 새로운 사람에 호기심이 많으니까요.

개원하기 전에 한 말을 잊은 줄 알았습니다. 그런데 결혼하기로 약속한 이○○를 만나야 한다니요? 눈에서 멀어지면 마음도 멀어진다는데 녀석의 말을 어떻게 생각해야 할지, 그냥 웃는 수밖에 없었습니다.

이제 잊겠지요. 그리고 새로운 친구를 사귀겠지요. 결혼 상대가 아닌 소꿉친구를요.

✦ 얼굴이 쏙 (2020.07)

옷 입기 시합을 시켰습니다. 일찍 서둘러 학교와 유치원에 보내야 하는데 시간이 조금 모자랄 듯싶었습니다. 언니는 그 눈치를 챘는지 서둘러 옷을 입습니다.

옷을 입고 머리를 빗어야 합니다. 그렇지 않으면 머리가 안 들어가 묶어놓은 머리를 풀었다가 다시 묶어야 할 때가 있습니다. 먼저 어제저녁에 입은 잠옷을 벗어야 하지요. 그런데 작은 녀석은 어디에 정신이 팔렸는지 반응이 없습니다. 언니가 동생을 일으켜 세워 잠옷을 벗깁니다. 머리만 쏙 빠져나온 녀석의 작은 얼굴이 너무 귀여워 설거지하다 말고 스마트폰을 들었습니다.

봐도 너무 귀여워

✦ 코로나19 시대의 선생님 (2020.06)

코로나는 전쟁보다 더 무서운 파급력을 가지고 있습니다. 2020년 한 해로 끝날 것 같지 않은 코로나가 언제까지 휩쓸지 두렵습니다.

5월 20일에 학교에 처음 간 우리 집 아홉 살 손녀는 선생님에 대한 기대로 부풀어 있었습니다.

그런데 녀석은 한 달여 학교에 다니면서 학교가 너무 재미없다고 툴툴거립니다.

"왜, 누가 귀찮게 하니?"

"귀찮게 하기는커녕 옆에 가까이 가면 선생님이 떨어지라고 소리 쳐."

"그래? 친구하고 이야기도 못 해 속상하겠다."

"밥 먹을 때도 고개도 못 들게 해 밥만 먹으래."

"어떻게 밥 먹으며 고개를 들지도 못하게 하니? 너무했다."

"학교에서는 양치질도 못 하게 해, 물도 못 먹게 하고 화장실 가는 시간도 없어, 가고 싶을 때 혼자 가래."

아이는 마구 불평을 털어놓습니다. 선생님도 고충이 많을 것입니다. 1, 2학년 아이들은 안아주는 것도, 업어주는 것도 좋아합니다. 안아주고 싶게 예쁜 짓들을 많이 하거든요. 3학년 이상의 아이들도 부끄럼을 타면서도 싫어하지는 않습니다. 덩치가 커져서 선생님들에게 부담이 되지만요.

초등학교 시절의 선생님은 아이들에게 추억으로 남습니다. 중학교와 달리 등교하여 온종일 같이 있으니 아이에게 많은 영향을 끼칩니다. 부모와 있는 시간보다 오히려 선생님과 있는 시간이 더 기니까요. 그래서 성인이 된 뒤에도 초등학교 시절의 선생님을 기억합니다.

우리 아이는 2020년의 코로나19 시대의 담임 선생님을 어떻게 기억할까요? 얼굴에 마스크를 쓴 무서운 선생님으로 기억되지 않을까 걱정됩니다.

친구야, 어서 와

✦ 과자 따 먹기는 언제나 재미있어! (2020.07)

과자 따 먹기는 작은 녀석이 더 좋아합니다. 키가 작으니 제가 불리한 데도 그렇습니다. 준비하려면 번거로운 걸 아는지 그래도 자꾸 '과자 따 먹기 하자'고 조르지는 않습니다.

첫째 적당히 실을 걸을 곳이 없어서 불편합니다. 의자를 이용하기도 하지만 넘어질 염려가 많아 조심해야 합니다. 높낮이를 조절할 수 있는 곳이면 좋겠고 없으면 줄의 가운데를 어른이 높였다 낮췄다 하기도 합니다. 그럴 때 아이들은 아우성치지만, 그 재미도 괜찮습니다.

또 양파링같이 구멍이 뚫리고 부드럽게 잘리면서도 여러 차례 과자를 먹어도 부담이 적은 과자가 있어야 합니다. 놀이하려면 낮부터 과자를 준비해야 하지요. 아무래도 키 큰 언니가 먼저 과자를 따 먹습니다. 작은 녀석은 약 올라 하면서도 처음부터 실에 손을 대진 않습니다. 약속이니까요.

두어 차례 언니한테 진 작은놈이 과자를 자신의 입 높이에 알맞게 맞추어 놓습니다. 꼼짝 말고 있으라고 속으로 호통을 치는지도 모릅니다.

됐습니다. 과자가 입에 들어갔습니다. 드디어 작은 녀석이 과자를 따 먹었습니다. 그런데 저 오른쪽 두 손가락을 보면 살짝 반칙을 썼는지 모릅니다. 그러나 나는 못 봤습니다. 작은 녀석도 자기는 손 안 대고 과자 따 먹었다고 뛸 듯이 기뻐했습니다.

언니가 입을 크게 벌리고 혀를 길게 늘어뜨리고 쫑긋한 두 토끼 이빨까지 한껏 치켜올렸습니다. 물론 발뒤꿈치도 들었지요.

언니는 자기가 과자를 따 먹을 때 할머니가 실을 살짝 올린다는 것을 압니다. 동생이 따 먹을 때는 살짝 눌러서 내려오게 한다는 것도. 제가 너무 불리하면 "할머니!" 하고 소리치지만 노는 것이 좋아서 대부분 그냥 넘어갑니다.

나 손 안 댔어

과자 따 먹기는 재미있어

✦ 나는 애기가 아니라 어린이야 (2020.07)

아침에 아이를 유치원 버스에 태우려고, 시각에 맞춰 엘리베이터를 탔습니다. 엘리베이터 안에는 2학년쯤 돼 보이는 남자아이와 누나인 듯한 4학년쯤의 여자아이 그리고 그 아이들의 할아버지가 타고 있었습니다.

할아버지가 우리 아이를 가리키며 말했습니다.

"애기도 유치원에 가나 보다."

우리 아이는 아무 말도 하지 않더니 그들이 1층에서 내린 뒤 한마디 했습니다.

"나는 애기가 아니야."

무슨 말인가 했습니다. 아이는 발을 구르며 단호하게 다시 외칩니다.

"나는 애기가 아니고 어린이야."

할아버지가 저더러 애기라고 했던 것에 기분 나빴던 모양입니다. 한마디 덧붙입니다.

"어린이집 다니는 아이가 애기지, 난 유치원 어린이야."

우리 아이는 키가 작고 뺨이 포동포동 귀엽게 생겨서 사람들이 귀여워합니다. 아이는 그게 불만이었나 봅니다.

어른들은 아이들을 예쁜 아기로 생각하는데, 아이는 자신의 의젓함을 자랑하고 싶어 합니다.

✦ 실내화 멀리 던지기 (2020.08)

나는 예약된 시간에 병원에 다녀와서 간단히 점심을 먹고 아들 네로 올라갔습니다. 큰 녀석이 문소리가 나자 쪼르르 달려 나와 반갑게 나를 맞습니다.

"할머니, 놀자."

"우리 신발 던지기 할까? 아니, 실내화 던지기 하자."

"실내화 던지기?"

아이는 무슨 소린가 합니다. 그러면서도 내 말이 떨어지기 무섭게 제 실내화와 제 엄마의 실내화를 찾아왔습니다. 실내화를 멀리 보내는 사람이 이긴다고 해놓고 나는 긴 복도 끝에 서서 '실내화 벗어 던지기' 시범을 보였습니다. 발에 꿰고 있다 던진 실내화가 바로 코앞에 떨어졌습니다. 아이는 깔깔거리고 웃더니 저도 하겠다고 합니다. 녀석의 실내화도 코밑에 떨어졌지요.

이어서 우리의 대결이 시작되었습니다. 처음에는 적당히 힘을 조절하여 던졌는데 나중에는 그럴 필요가 없어졌습니다. 아이가 월등하게 잘했기 때문이지요. 둘이 하니 금방 지루해졌습니다.

녀석은 나중에 동생이 오면 같이 하자고 하며 『개구리 선생님의 비밀』 찾아 읽습니다. 책 읽으라고도 안 했는데요.

✦ 아홉 살 손녀와 할머니의 댄스 배틀 (2020.08)

일기 숙제는 방학 중 선택 과제이고 일주일에 두 번 쓰면 된다고 합니다. 우리 2학년 손녀는 방학한 지 일주일이 지났는데 한 번도 일기를 안 썼습니다. 그렇다고 일기 쓰라고 해봐야 쓸 거리가 없다고 할 게 뻔했습니다. 일기 쓸거리를 만들어야겠습니다.

오늘은 녀석이 댄스 배틀을 하자고 해서 신나게 놀았습니다. 그리고 잠시 쉴 때 일기는 몇 번이나 썼냐고 물었습니다. 녀석은 방을 다 뒤져 일기장을 찾아와서 혼자 킥킥거리며 일기를 쓰기 시작했습니다.

나는 어린 시절부터 몸치에 박치였습니다. 그래서 여간해서는 노래도, 춤도 추지 않지요. 다만 아이들과 있을 때는 안 가리고 노래하고 춤추지만. (어릴 때 사범병설중학교에 입학을 희망했었는데, 나를 잘 아는 담임 선생님이 극구 말렸습니다. 그래서 일반 여중에 갔으나 결국 교대를 거쳐 초등교사가 되었지요.)

아이와 나는 정말 엉터리 춤을 추고 엉터리 노래를 부르며, 깔깔거리고 웃고 주거니 받거니 배틀을 했습니다. 한참 하고 나니 너무 더워서 에어컨을 켰습니다. 녀석은 내일은 또 뭐 하고 놀까 하고 기대에 부풀어 있습니다.

실컷 놀고 난 뒤는 시키지 않아도 제 스스로 수학 문제도 풀었습니다. 물론 잘한다고 칭찬을 했지요.

부모가 옆에 있으면서 가끔 쳐다보고 칭찬해 주면 저절로 바르
고 예쁘게 자랄 텐데, 다른 사람들 손에 자라는 아이들이 늘 안쓰
럽습니다. 그래서 아들네 집에서 돌아오면 녹초가 되지만 아이가
즐거워하는 모습을 보는 것이 좋아 같이 놉니다. 아이 말대로 녀석
과 같은 아홉 살이 되어 춤추고 노래하며 놉니다.

아홉 살 손녀와 댄스 배틀

3학년 손녀 작품 〈댄스배틀〉

✦ 너무너무 슬픈 날 (2020.08)

'너무너무 슬픈 날'은 아홉 살 손녀의 오늘 일기 제목입니다. 오늘은 무척 슬픈 날이었답니다. 나는 저와 같이 놀아주느라 지쳐 꼬부라질 지경이었는데 말입니다.

오후 1시가 조금 지나 친구한테서 전화가 왔습니다. '같이 밖에 나가 놀자.' 그때 우리 아이는 점심을 먹지 않은 때여서 그 아이더러 우리 집에 와서 기다리다 같이 놀러 가자고 하더군요. 그래서 두 아이와 셋이서 놀이가 시작되었습니다.

첫째, 아이클레이로 인형 만들기를 했지요. 아래층 아이는 남자인데도 조형 감각이 좋은 편이었습니다. 많이 칭찬해 주었지요. 거기서부터 우리 아이의 기분이 언짢았나 봅니다. 늘 저 혼자 칭찬받았으니까요. 그다음 장님술래잡기 놀이를 했고, 세 번째는 실내화 던지기 게임으로 승부를 겨뤘습니다. 여기서도 기분이 좋지 않았을 것입니다. 셋이 했는데 남자애가 1등, 내가 2등, 우리 아이는 3등을 했습니다. 그때까지는 눈치채지 못했습니다. 지는 것을 무척 싫어하는 녀석인데 이제 커서 괜찮구나, 하고 생각했지요.

그다음은 계란판에 1에서 30까지의 수를 써넣고 세 개의 말을 던져 들어간 곳의 수를 더하여 숫자가 많은 차례로 승부를 내는 게임입니다. 세 번씩 던지고 득점을 합하여 총점이 가장 높은 사람이 이기는 게임이었습니다. 2학년인 녀석들이 30 미만의 세 수를 더하는 공부를 겸하는 게임이었지요. 여기서도 우리 아이가 꼴등을 했습니다.

녀석의 기분이 확실하게 나빠진 것은 그때부터였습니다. 제일 꼴등 한 사람은 딱밤을 맞기로 했고, 이웃 아이는 안 때리겠다고 했지만 나는 살짝 때리는 시늉만 했습니다. 나는 늘 아이들과 놀이 할 때 배려해서 승부를 정하지만 오늘은 그러지 않기로 했었거든요.

그때, 남자애가 실수하고 말았습니다. 우리 애가 가장 소중하게 생각하는 해마 봉제 인형을 깔고 앉아버린 것입니다. 그렇지 않아도 터질 것 같은 마음을 참고 있던 우리 아이는 화가 나서 제 방으로 들어가 버렸습니다. 남자 녀석은 아주 난처한 표정을 지었습니다. 그래서 녀석이 만든 색종이 팽이를 보고 '진짜 잘 만들었다. 나는 절대 못 만든다.' 하며 칭찬을 했습니다. 그 소리에 화가 더 치민 모양입니다. 우리 할머니는 내가 속상한 것은 위로해 주지 않고 자기를 화나게 한 이웃 아이를 칭찬하고 다정하게 이야기하는 모습에 열이 뻗쳤나 봅니다.

밖에 나와서 '너무너무 슬픈 날' 일기를 썼습니다. 남자아이는 자기가 만든 삼색 팽이를 주며 사과했습니다.

'난 네가 해마를 그렇게 좋아하는지 몰랐고, 해마가 거기 있는지도 몰랐어. 미안해.' 하고 말이지요.

두 녀석의 마음을 풀어주느라고 풍선 배구 놀이를 했습니다. 그 녀석은 계면쩍은 것을 무마하느라 제 엉덩이에 기다랗게 꼬리를 붙이고 경기를 했습니다. 그 모습이 우스워 두 녀석은 깔깔거리며 조금 전의 서먹함은 날러버리고 신나게 게임을 합니다.

"이제 그만하자. 할머니 방전되었다. 너희들끼리 해."

나는 의자에 털썩 주저앉았고, 두 녀석은 한참 동안 더 게임을 합니다.

"아랫집에서 쫓아올지 몰라. 이제 그만하는 게 좋겠다."

이제 게임을 끝낼 시간이 되었습니다. 유치원에 간 동생이 돌아올 시각이 되었고, 우리 애가 태권도 학원에 갈 시각도 얼마 남지 않았습니다. 아이들은 TV를 켜고, 저희가 좋아하는 동영상을 봅니다.

친구와 사이좋게

✦ 빨간 모자 공연 중 (2020.09)

　아이들 둘과 나, 세 사람이 빨간 모자 연극을 공연합니다. 빨간 모자는 학원 선전용 봉투가 마침 빨간색이어서 가위로 한쪽을 잘라 머리에 쓸 수 있게 만들었습니다. 엄마 역할은 엄마 앞치마를 바짝 접어 입혀주었습니다.

　빨간 모자 역은 큰 녀석이 먼저 찜해놓았습니다. 작은 녀석은 엄마 역할이 끝나면 늑대 역할을 하겠다고 손에 늑대 인형을 쥐고 있습니다. 나는 할머니가 되었다가 사냥꾼이 되어야 합니다. 그리고 또 할머니 역할로 돌아가야 하지요.

　극본도 없습니다. 원본의 핵심만 놓치지 않으면 됩니다. 빨간 모자 이야기는 너무 잘 알기 때문에 설명하지 않아도 아이들이 아주 잘합니다. 대부분의 아이들은 연극 놀이를 좋아하고 잘합니다.

　작은 녀석이 침대에 누워 늑대의 역할을 할 때는 큰 녀석이 사냥꾼이 되어 늑대의 배를 가르고 돌을 집어넣는 역할을 합니다. 저희가 대사를 덧붙여가며 키득거리며 연극을 합니다. 늑대가 비틀거리며 우물로 가서 물에 풍덩 빠지는 역할을 하며 작은 녀석은 너무 재미있어 어쩔 줄 모릅니다.

　코로나 때문에 갇혀 있는 아이들을 TV 앞에서 떼어놓는 방법으로 이런 것을 시도해 봐도 참 좋습니다.

빨간 모자 공연

✦ 16. 눈 가리고 얼굴 그리기 (2020.09)

두 녀석에게 보드 펜을 쥐어주고 보드 판 앞에 세웁니다. 그리고 안대를 씌워줍니다. 지휘자가 불러주는 대로 사람 얼굴을 그립니다. 눈 두 개, 귀 두 개, 입, 얼굴 동그라미, 머리카락…, 이런 식으로 순서 없이 불러주고 그림 끝 무렵에 채점 기준을 알려줍니다. 사람과 비슷하게 그린 사람, 또는 재미있게 그린 사람, 설명을 잘하는 사람 등. 미리 평가 기준을 알려주면 그 기준에 맞추려고 살짝 볼 수도 있고, 일부러 마구잡이로 그릴 수도 있으니까요. 또 작은놈에게 유리하게 평가 기준을 정할 수도 있지요. 아이들이 잘하게 되면 눈, 귀, 눈썹을 한쪽씩 그리게 하여 난이도를 높입니다.

작은 녀석은 지금 코와 입을 그렸습니다. 큰 녀석은 무엇을 그렸는지 잘 모르겠네요. 뛰어다니지 않고도 제 그림과 상대의 그림을 보며 깔깔거리고 웃을 수 있는 게임입니다. 지휘자 역할을 돌아가면서 하고, 유치원생에서 3, 4학년까지 재미있게 할 수 있는 게임이지요.

✦ 실내 낚시 놀이 (2020.09)

아이들은 가만히 앉아서 하는 놀이는 좋아하지 않습니다. 축구도 하고 싶고 '무궁화꽃이 피었습니다'도 하고 싶습니다. 아래층에서 시끄럽다고 관리실에 전화할까 봐 걱정되지만 잠깐씩은 실내에서 축구도 하고 '무궁화꽃'도 합니다. 그러다 궁여지책으로 생각해 낸 것이 실내 낚시 놀이입니다.

그리거나 종이로 접은 물고기에 클립을 끼우고 막대기(없어서 그림붓을 이용)에 실을 묶어 낚시를 만들었습니다. 물론 끝에 자석을 붙여야 하지요. 그리고 의자에 올라서서 낚시를 하는 것입니다. 생각보다 아주 즐거워하였습니다. 작은 녀석은 자기는 심판을 하겠다며 나더러 하라더니 얼른 사진을 찍어 제 아빠에게 카톡으로 보냅니다.

실내 낚시 놀이도 집안에 갇힌 아이들과 한동안 할 수 있는 놀이입니다. 물고기 접기를 먼저 하여 만들기 활동도 겸할 수 있으니 좋습니다. 종이접기를 아직 못하는 작은 녀석은 물고기를 그리라고 하여 가위로 잘라주었습니다. 제멋대로 대충 접어서 가오리, 고래라며 내놓은 것도 바다(방바닥)에 띄워주었습니다. 아이들은 내일 또 낚시질한다고 소품들을 비밀 장소에 잘 보관해 두었습니다.

실내 낚시 놀이

✦ 자매간에 싸움 붙이기 (2020.06)

며느리가 어릴 적에는 평균 키보다 훨씬 작았다고 합니다. 그래서 그런지 손녀 둘 다 평균치보다 체구가 작습니다. 큰 녀석은 똘똘하고 다부져서 작아도 제 몫을 단단히 해냅니다. 그런데 작은 녀석은 순하고 착하기만 해서 언니가 하라는 대로 합니다. 만약 언니한테 '싫어' 한마디 했다가는 불호령이 떨어질 게 뻔하거든요. 그래서 소리 지르기 전에 언니가 요구하는 것을 얼른 들어줍니다. 속상하면 숨듯이 놀이방에 들어가 혼자 놀지요.

"방에 가서 해마 가지고 와."

두 녀석이 소파에 누워있었는데 언니의 한마디에 작은 녀석이 벌떡 일어나서 종종종 달려갑니다.

"TV 리모컨 갖고 와."

녀석은 또 종종종 뛰어갑니다.

"내 핸드폰 갖고 와."

벌써 세 번씩이나 동생에게 심부름을 시킵니다. 작은놈이 잘 찾지 못하자 동생의 배를 확 밀어버립니다. 작은 녀석이 휘청했습니다. 다행히 넘어지지는 않았습니다.

큰 녀석에게 한마디 해야겠는데 어떻게 끼어들어야 할지 망설이다가 그냥 두었습니다. 아직 계획을 세우지 않았거든요. 대충해서는 고칠 수 없습니다.

언니가 먼저 학교에 갔습니다. 작은놈에게 물었습니다.

"언니가 배 밀어서 속상했겠다."

아이는 늘 겪던 일이라 아무 말이 없습니다.

"언니가 밀었을 때 넘어졌다면 더 속상했을 거야."

아이가 끄덕입니다.

"시우야, 그럴 때는 막 우는 거야. 소리 크게 내서 막 울어."

아이는 이게 무슨 소린가 하고 나를 올려다봅니다.

"네가 크게 울면 엄마, 아빠, 할머니 모두 다 알게 되잖니? 그때는 울지 말고 왜 우는지 말하는 거야. 언니가 밀었다고, 알았지?"

일단 대답합니다. 그러나 언니에게 대들 만큼 용기가 생길지 모르겠습니다. 크면 괜찮아질 일을 미리 서두는지 모르지만 작은놈의 어린 마음에 응어리로 내려앉을까 걱정이 되어서입니다.

어서어서 커서 언니와 대등한 관계가 되었으면 좋겠습니다. 가끔 머리끄덩이를 잡고 싸우더라도 말입니다.

싸운 뒤는 더 정답게

✦ 아빠와 딸 (2020.11)

토요일입니다. 늘 밤늦게 얼굴만 보던 아들이 창문에 보온 필터를 붙여주러 우리 집에 내려왔습니다.

"만약 네가 숙제를 안 하고 숙제장도 집에다 놓고 왔는데, 선생님이 숙제했냐고 물으면 뭐라고 답할래?"

무슨 말인가 하고 아들이 의아한 얼굴로 나를 봅니다.

"숙제를 안 하고 그냥 학교나 학원에 갔을 때 말이야."

"숙제 안 했다고 대답해야지요."

"나도 그렇게 생각하거든. 그런데 네 딸은 아니던데. 너보다 한 수 위야."

"무슨 말이에요?"

어제 아이를 학원에 데려다주며(학원 혼자 가는 것보다 이야기하며 손잡고 같이 가는 것을 좋아해서) 있었던 일입니다.

"할머니, 나 영어학원 숙제 안 가져왔다!"

"그래서? 집에 가서 가지고 올래?"

"아니, 그냥 갈 거야."

"숙제는 했니?"

아이는 씩 웃으며 안 했다고 합니다. 학원 선생님이 숙제했냐고 물으면 어떻게 대답할 거냐고 물었습니다. 숙제를 집에 두고 왔다고 하는 아이들이 종종 있는데, 정말 숙제를 하고 안 가져온 아이도 있고, 안 하고 놓고 왔다고 말하는 아이들이 있거든요. 그런 때 대부분의 선생님은 숙제한 것을 놓고 왔다면 묵인해 주십니다.

"했다고 할 거야."

"안 했는데?"

"선생님이 어떻게 알아? 선생님이 우리 집에 오는 것도 아니잖아. 그리고 오늘 집에 가서 하면 되지 뭐."

아이는 내 얼굴을 보며 씩 웃었습니다.

아빠는 내 아들이고, 아이는 아들의 딸인데 많이 다릅니다. 그러나 아이가 나나 제 아비보다 현명한 것은 아닌가 생각해 봅니다.

아빠처럼 될 거야

✦ 나는 우리 가족 모두 사랑해 (2020.11)

"나는 우리 가족 모두 사랑해."

작은 녀석이 눈물을 글썽거리며 작은 소리로 말합니다. 그리고 또 한 번 옹알이하듯 중얼거립니다.

할머니하고 놀고 싶은데, 언니가 양치부터 하고 그다음에 놀아도 된다고 말했기 때문입니다. 언니는 자기도 같이 놀고 싶은데, 엄마랑 목욕해야 합니다. 목욕하고 나오면 할머니는 갈 테니 배가 아팠던 것일 겁니다.

작은놈은 지금 할머니랑 놀고 싶습니다. 양치는 아직 하고 싶지 않습니다. 그렇지만 언니의 말에 절대복종하는 것이 몸에 배어서 언니 말을 듣지 않을 수 없습니다. 내가 양치는 나중에 하고 같이 놀자고 해도 안 된답니다.

'나는 우리 가족 모두 사랑해.'

양치하러 가면서, 양치하면서 아이가 한 말입니다. 그 말을 되풀이했는지 생각하니 마음이 짠합니다. '나는 가족을 모두 사랑하는데, 언니는⋯' 하는 뜻이 아니었을까요? 자매 사이의 위계 관계를 확실히 해두는 것이 좋기는 하지만 늘 당하기만 하는 작은 녀석이 측은했습니다.

"시우야 어서어서 커라."

그 말밖에 할 말이 없습니다. 크면 좀 나아지겠지요. 그러나 온

순하고, 먼저 양보하는 성격인 작은 녀석이 커서도 늘 양보하고 언니 말에 복종하지 않을까 걱정됩니다. 그런데 큰 녀석도 '우리 가족 모두를 사랑한다.'는 작은 녀석의 마음과 같을 것입니다. 지금 큰 녀석은 저 없을 때 할머니랑 둘이 만 놀 것 같아 배가 아플 뿐일 겁니다.

언니랑 그림 그려요

✦ 코로나 시대의 친구 초대 (2020.11)

현관 앞이 소란합니다. 2학년 큰 손녀가 친구 두 명을 초대했습니다. 집에 아무도 없으려니 했는데, 내가 있는 것을 보고 처음에는 놀라는 표정이었습니다. 그러나 할머니가 친구들을 가라고 하지 않을 거라 생각했는지, 아이들을 데리고 집 안으로 들어왔습니다.

엄마에게는 말하지 말라고 부탁합니다. 엄마 허락 없이 친구들 데리고 오면 안 된다고 했답니다. 할머니 있으니까 괜찮다고 학원 가는 시간까지 한 시간 남짓 여유가 있으니 그때까지 놀다 가라고 했습니다.

아이들 노는 모습을 사진 찍어주고 간식도 챙겨주었습니다. 그리고 각자의 휴대폰에 잘 나온 사진 4컷씩 보내주었습니다. 키 큰 아이는 저희 반 반장이라고 합니다. 그 아이는 자기의 예상키는 163㎝라고 자랑했습니다.

"나는 왜 이렇게 키가 안 크는 거야."

저보다 아이들이 키가 크고 키 자랑을 하는 것에 기분이 상했나 봅니다.

"엄마 아빠가 어릴 때 작다가 나중에 컸으니까 걱정 마. 너도 중학교 갈 때쯤은 쭉 클 거야."

"그래도 너무 작단 말이야."

아이들은 즐겁게 놀았습니다. 오랜만에 보는 모습입니다. 2, 3학년 때는 마음에 맞는 친구들끼리 또래 집단을 만들어 몰려다니며 노는 것이 특징입니다. 코로나 때문에 학교에서 친구들과 이야기도 못 하고 운동장에서 뛰어놀지도 못 하니 얼마나 답답하겠습니까?

아이들이 돌아간 뒤 학원에 간 아이에게 문자를 보냈습니다.

"친구들과 놀아서 재미있었지? 그런데 학교에서도 같이 놀거나 이야기하면 비말이 튄다고 못 놀게 하잖니? 그러니 코로나 끝나면 친구들 초대하는 것이 어떻겠니? 엄마가 허락받으라는 것도 그런 뜻일 거야."

코로나가 정신없이 번지고 있는 상황에서 나의 행동을 반성합니다. 다음에 또 아이들을 초대하면 문 앞에서 돌려보내야 할 것 같습니다. 자세히 설명은 해주겠지만 참 슬픈 일입니다.

코로나 시대의 친구 초대

✦ 엄마 아빠가 되어본 날 (2020.11)

　오늘은 코로나 확진자가 육백 명 가까이 발생했다고 합니다. 우리 아이가 다니는 초등학교는 오늘 10시 30분에 아이들을 모두 하교시켰습니다. 그리고 내일부터는 원격수업으로 바뀐다고 합니다.

　우리 2학년 손녀는 아침에 미열이 있어서 학교에 못 갔습니다. 오후에는 괜찮아졌습니다. 녀석은 공부하기는 싫고 뾰족이 다른 할 일도 없자 지루해하며 '할머니 놀자.' 하고 조릅니다.

　"오늘 엄마 아빠 되어보지 않을래?"

　"어떻게?"

　"엄마 아빠 옷을 입고 엄마의 마음과 아빠의 마음을 체험해보는 거야."

　내 말이 끝나기도 전에 아이는 반달눈이 되어 좋아합니다. 엄마의 옷 중에 마음에 드는 옷을 고르면서 깔깔거리고 웃습니다. 엄마 윗옷 하나만 걸쳐도 발등까지 내려오는 원피스가 되었습니다. 아이는 엄마 옷에 하이힐을 신고 킬킬거리며 좋아합니다. 너울너울 춤도 추고 모델처럼 포즈도 취해봅니다.

　이번에는 아빠 옷을 고릅니다. 넥타이에 흰색 와이셔츠 혁대까지 챙겨 듭니다. 혁대에는 조임 구멍이 맞지 않아 태권도 허리띠로 대신하고 아빠 옷을 갖춰 입었습니다. 아이는 어색해 하면서도 아빠 옷을 입고 더욱 신이 났습니다. 사진을 찍어서 엄마 아빠한테 빨리 보내라고 성화입니다.

부모의 옷을 입고 부모의 마음을 체험하게 해보는 것은 실패했습니다. 너무 깔깔거리고 즐거워해서 좀 더 깊이 들어갈 수가 없었습니다. 그냥 옷 입어본 체험을 일기로 쓰는 것으로 만족했습니다.

엄마 아빠 되어본 날

✦ 땅에서도 가는 배 (2020.11)

오늘은 두 녀석이 아침부터 집에 있습니다. 언니는 휴교이고, 동생은 제 엄마가 휴가를 내고 보내지 않았습니다.

머느리가 잠시 급하게 볼일이 있다며 나갔습니다. 나는 녀석들과 재미있게 놀거리를 만들어야 합니다.

헌 박스 하나와 신문지 몇 장, 그리고 튼튼한 끈을 준비했습니다. 어제 읽은 프랑스 동화 『땅에서도 가는 배』를 만들기 위해서지요

먼저 배를 예쁘게 꾸미는 것입니다. 색종이를 자르고, 찢고, 접어서 여러 가지 모양을 만들어 꾸밉니다. 색연필과 사인펜으로 그리고 싶은 모양을 그립니다. 신문지를 말아 노를 만들고 박스 양쪽 옆에 구멍을 뚫어 끼웠습니다. 이제 배가 되었습니다. 조그만 상자를 구해다가 구명보트를 만들어야 한답니다.

이제 다 되었습니다. 먼저 동생이 탔습니다. 영차영차 언니가 끕니다. 바닥이 미끄러워 잘 갑니다. 작은놈은 배 안에서 노를 젓습니다.

이제는 언니가 탈 차례입니다. 언니는 무거우니 할머니가 끌어주겠다고 했더니 아니랍니다. 자신이 하겠답니다. 정말 언니는 무겁습니다. 땀을 흘리며 끕니다.

두 녀석을 따로따로 태우고 집안을 두어 바퀴씩 돌았더니 나도 진땀이 납니다. 녀석들도 힘든 모양입니다. 소파에 셋이서 함께 엉

거 쓰러져 버렸습니다.

큰 녀석이 먼저 일어나더니 일기 써야겠다고 합니다. 일기 쓰란 말도 안 했는데 쓸 거리가 생기니 얼른 쓰고 싶은 모양입니다. 작은 녀석도 유치원 숙제를 합니다. 놀고 싶은 만큼 놀고 나니 저희 스스로 해야 할 것을 찾아서 합니다. 많이 놀아본 아이들이 건강하고 제가 할 일을 스스로 알아서 한다는 말이 맞는가 봅니다.

『땅에서도 가는 배』 독후 활동

✦ 팥죽 끓이기 (2020.12)

21일은 동지였습니다. 동지는 애동지와 노동지가 있다는데 그런 것과 상관없이 아이들에게 팥죽을 끓이는 방법과 왜 먹는지를 가르쳐주고 싶었습니다. 사실은 언제 팥죽을 끓여 먹었는지 기억이 안 날 정도입니다. 그만큼 번거롭고 귀찮은 일이지만 마침 동지여서 좋은 추억 하나 남겨주고 싶었습니다. 입이 짧아 편식이 심한 큰 녀석이 만드는 재미 때문인지 자기는 꼭 먹어보겠다고 합니다.

하루 전에 팥을 담가두었다가 21일 아침에 삶았습니다. 그리고 팥을 걸러 팥물을 만들어 놓았습니다. 그리고 새알을 만들어 뜨거운 물에 삶아 찬물에 헹궈놓았습니다. 그리고 팥물을 저어가며 끓이다가 끓기 시작하자 새알 넣는 것을 가르쳐 주고 큰 녀석에 넣어보라고 했습니다. 무서워하지 말고 한쪽에서 가만히 밀어 넣듯이 하라고 했지요. 두세 차례 넣게 하고 물러나게 했지요. 그리고 가라앉아있는 팥 앙금도 넣고 저어주며 끓입니다.

팥죽을 끓여 그릇에 담아주었습니다. 큰 녀석은 팥죽이 약간 쌉쌀하고 달착지근하다며, 자기 몫의 죽 그릇을 비웠습니다. 그런데 식성이 까다롭지 않은 작은 녀석은 겨우 한 수저 받아먹더니 안 먹겠답니다. 큰 녀석은 자기가 만들었다는 자부심 때문인지 팥죽을 맛있게 먹었습니다. 작은놈은 팥을 싫어해서 팥죽은 물론 팥떡조차 싫어한답니다.

✦ 크리스마스 선물 (2020.12)

"우리 공주님들, 내일이 크리스마스인데 할머니가 무슨 선물 줄까?"

두 녀석은 잠시 망설입니다.

"할머니가 무엇 갖고 싶냐고 했더니 예쁘고 따뜻한 공주 드레스 갖고 싶다고 했잖아?"

"그건 산타 할아버지한테 받고 싶은 선물이에요."

"그래? 그건 안 가져올지도 몰라."

"할머니가 어떻게 알아요?"

나는 제 아빠한테 드레스는 안 사줄 거란 이야기를 들었다는 말을 꺼내다가 아차 하고 얼버무렸습니다.

"할머니는 우리한테 선물 안 줘도 돼요."

"왜?"

"할머니가 우리랑 놀아주는 것이 선물이에요."

"할머니가 선물이에요."

"할머니는 소중해요."

아홉 살과 여섯 살 두 녀석이 예쁜 말을 자꾸 쏟아냅니다. 나는 깜짝 놀랐습니다. 그리고 가슴이 찡했습니다. 할머니가 자신들에게 선물이라고 말하는 녀석들을 꼭 안아주었습니다. 저희와 노는 것이 나에게는 힘들다는 것을 녀석들도 알고 있는가 봅니다. 놀고 싶을 때 같이 놀아주는 것을 고맙게 생각하는 것도 알았습니다. 아이들과 놀 때는 에너지가 바닥이 나서 그만 놀자 했다가도, 같이 노는 것이 좋아서 TV도 꺼버리는 걸 보면 이끌려 같이 놀게 됩니다.

약속된 노는 시간이 끝나면 책상으로 가서 공부하는 것도 나를 기쁘게 하려는 것이라는 것을 알았습니다.

"그래도 너희들 갖고 싶은 드레스 사주라고 아빠한테 돈을 맡겼으니 예쁜 거 사달라고 해. 할머니가 사주고 싶은데 내일 서천 가야 하거든."

예쁜 공주 드레스를 원하던 큰 녀석들이 다시 말합니다.

"안 사줘도 돼요. 할머니가 선물이라니까요."

'할머니가 선물이라고 말해'

✦ 낮잠 자기 싫어하는 이유 (2020.12)

여섯 살 손녀는 늘 잠이 부족합니다. 늦다고 해 봐야 아침 7시에는 일어나는데, 저녁에는 귀가가 늦은 제 엄마 아빠를 기다리느라 또 늦게 잠자리에 듭니다.

어린이집에서는 낮잠을 재운다는데 유치원은 낮잠 시간이 없답니다. 요즈음은 계속 집에 있어서 재우려 해도 잠을 자지 않습니다. 외까풀인 눈에 쌍꺼풀이 생기고 눈에 잠이 가득한데도 잠을 자지 않습니다.

오늘에야 그 이유를 알았습니다. 제가 잠잘 때 할머니와 언니가 둘이서만 재미있게 놀까 봐 안 잔답니다. 얼마나 노는 것이 고팠으면 저럴까 마음이 짠했습니다. 요즈음은 코로나 때문에 유치원에도 못 가서 친구들과 어울릴 시간이 없어서 더한가 봅니다.

"그럼 할머니랑 같이 잘까?"

아이는 순순히 일어서서 내 손을 잡습니다. 밖에 TV 소리가 너무 크네, 할머니 자장자장 소리가 너무 크다, 밖이 너무 환하네, 하며 한참 동안 잠투정을 하더니 새근새근 잠이 들었습니다. 너무 밝다고 배게 속으로 파고들던 녀석을 바르게 눕히고 발소리를 죽여 밖으로 나왔습니다.

이모님에게 아이들을 맡기고 우리 집으로 내려왔다가 서너 시간 뒤에 올라가 보니 녀석이 초롱초롱한 눈으로 TV를 보고 있었습니다. 이모님 말에 의하면 두 시간도 더 잤다고 합니다.

✦ 장래 희망이 바뀌었어요 (2020.12)

저녁을 먹고 놀던 큰 녀석이 나를 보자 맨 먼저 한 말입니다.

"할머니, 나 장래 희망 바꿨어."

"어떤 사람이 될 건데?"

"선생님이 될 거야."

"참 좋은 생각이다."

"왜?"

"너희 아빠와 엄마는 하루 종일 의자에 앉아 있잖니? 그래서 어깨도 아프고 목도 아픈데 선생님은 안 그러잖아. 그리고 국어, 수학, 과학은 물론 음악, 미술, 체육도 하고 밖으로 관찰학습도 가고 현장학습도 가고 얼마나 재미있겠니?"

아이는 내 말에 고개를 끄덕이며 좋아했습니다.

교사였을 때 나는 정말 교사가 싫어서 12년을 끝으로 미련 없이 교단을 떠났습니다. 그런데 20년의 세월이 흐른 뒤에 복직했을 때 교육 현장은 많이 바뀌었습니다. 그리고 내 생각도 바뀌었습니다. 아직 때 묻지 않은 어린이들과 같은 마음으로 같이 뛰고 노래할 수 있다는 것이 너무 좋았습니다. 그걸 좀 일찍 알았다면 자식들이라도 교대에 보냈을 텐데, 하고 후회를 했습니다.

✦ 나를 잘 도와주는 사람 (2020.12)

큰 녀석이 입을 뗍니다.

"할머니, 나는 꼭 결혼해서 예쁜 아기를 낳을 거야."

"어떤 사람하고 결혼할 건데?"

"나를 사랑해 주는 사람, 또 여자 일을 잘 도와주는 사람, 또 아기를 잘 돌봐 주는 사람, 또 음식도 잘 만드는 사람, 또 빼빼로데이 같은 기념일 안 잊어버리는 사람."

"빼빼로데이는 왜?"

"아빠가 빼빼로데이 잊어버렸다고 엄마가 엄청 화냈거든. 그래서 아빠가 절대 결혼기념일 안 잊는데."

"빼빼로데이는 과자 회사에서 빼빼로 많이 팔려고 만든 날인데 결혼기념일과 무슨 상관있어서?"

정말 아이 같은 발상이라고 생각해서 다시 물었습니다.

"아냐. 그다음이 엄마 아빠 결혼기념일이잖아."

"아하 그렇구나. 그날 잊으면 안 되지. 그런데 네 신랑감은 여자 일을 많이 도와줘야겠구나. 그 남자는 돈 못 벌어도 될까?"

"참, 돈도 잘 벌어야 해."

돈에 대한 것을 생각하지 않았던 것만으로도 아이답습니다. 그리고 결혼해서 아기를 낳겠다고 생각했는데, 아이 키울 것을 생각하니 걱정인가 봅니다. 자기를 도와줄 남자를 우선으로 생각하는 걸 보니까요.

"너의 아빠는 엄마일 많이 도와주니?"

"많이는 아니고 조금 도와줘."

우리 아이가 결혼하려면 20여 년 후가 될 텐데, 그때는 지금의 생
각이 어떻게 바뀌어 있을지 모르겠습니다. 그리고 사회의 통념은 또
어떻게 바뀌고, 남자들의 생각은 또 어떻게 변할지 궁금해집니다.

우리가 먼저 집안일을 돕자

✦ 가성비 최고의 놀잇감 (2020.12)

아이들은 비싼 장난감도 오래 가지고 놀지 못합니다. 한동안 잘 가지고 놀다가 없어졌다 싶으면 구석에 처박혀 있거나 구성 부품 몇 개가 없어진 채 쓸모없게 되기 일쑤입니다. 돈이 넉넉지 않은 나는 아이들에게 장난감을 사주지 못합니다. 아니 제 엄마 아빠가 넘치게 사주니 나까지 보탤 필요가 없는 것이지요.

새로운 것을 좋아하는 아이들에게 무언가를 만들어 주고 싶었습니다. 인터넷에서 아이들이 좋아하는 캐릭터를 찾아 컬러 인쇄하여 주고 가위로 자르라고 하여 두꺼운 종이에 붙입니다. 물론 종이는 세울 수 있도록 만들어야지요. 아이들은 주인공인 신데렐라와 왕자님 그림에 색칠하고 잘라서 두꺼운 종이에 붙입니다. 모두를 색칠하면 좋겠지만 시간이 너무 걸려 아이들은 지루해하거든요.

선물 포장 상자를 이용하여 무대로 삼고 연극을 연출합니다. 역할을 나누어 연극을 합니다. 뚜껑이 있는 상자를 이용해야 가지고 놀지 않을 때는 덮어두면 보관이 쉬워 좋습니다.

처음에는 원작을 그대로 흉내 내더니 갈수록 연극이 원작과 달라집니다. 두 아이의 연극은 기상천외하게 발전합니다. 둘이 키득거리고 좋아합니다. 대부분 언니가 만든 이상한 대본에 이상한 연출로 저희끼리 한참을 놉니다.

✦ 신문지로 재미있는 놀이해요 (2020.10)

신문지로 재미있는 놀이를 했습니다.

여섯 살 손녀가 신문지를 가지고 와서 격파 놀이를 하자고 합니다. 작은놈과 구호를 외쳐가며, 격파 놀이를 하는 모습을 보고 큰 녀석도 같이하자고 합니다.

한 사람은 신문지 한 장을 펼쳐서 양손으로 잡고 있고, 다른 사람은 달려와 힘차게 주먹으로 신문지 가운데를 뚫는 놀이입니다. 신문지는 뚫리는 것이 아니고 접었던 자리가 찢어지더군요. 신문지 한 장으로 하다가 너무 쉽게 찢어져서 두 장을 겹쳐서 했더니 잘 찢어지지 않았습니다.

신문지 격파 놀이에 흥미가 떨어지면 신문지 눈싸움을 합니다. 신문지 조각들을 모아 눈처럼 뭉쳐서 마구 던지는 게임인데 제법 흥미 있습니다. 맞아도 아프지 않으니 좋습니다.

그 밖에도 신문지 칼싸움도 있고, 신문지를 자꾸 접어서 면적을 줄여가며 그 안에 들어가 오래 버티는 사람이 이기는 게임도 있습니다.

마지막으로 신문지 눈사람 만들기입니다. 여기저기 흩어진 신문지를 모아 큰 덩어리 두 개를 만들어 두 팀이 합쳐 눈사람을 만듭니다. 그리고 다음은 재활용 통으로 보내주지요. 다시 깨끗한 종이로 태어나라고 말하며.

또 한 가지 있어요. '수부가 된 힘찬이의 항해'와 '티셔츠 이야기'

도 있습니다. 신문지를 이야기에 따라 접어 모자, 배를 만들고, 뱃머리와 꼬리, 마스트를 찢었는데 나중에 티셔츠가 된 것을 보고 아이들이 좋아합니다.

하나 둘, 격파!

땅이 자꾸 줄어들어요

나를 기다리는 사람

✦ 바르게 연필 잡기 (2021.01)

초등학교 1, 2학년 때 연필 잡는 법을 고쳐주지 않으면 쉽게 고쳐지지 않습니다. 어른이 되어서도 연필을 어색하게 잡는 사람이 많습니다. 그게 무슨 상관이냐 하겠지만 글씨 쓰는 속도와 글자의 모양에서 많은 차이를 보입니다. 남이 볼 때 어설퍼 보이기도 하고요.

예전에는 초등학교에 들어와서 본격적으로 쓰기 공부를 하기 때문에 선생님이 바르게 잡으라고 수시로 지도합니다. 그때는 아이들의 소근육 발달도 어느 정도 이루어진 단계라 크게 힘들어하지 않습니다.

지금의 아이들은 여섯 살이 되기도 전에 한글은 물론 영어도 써야 합니다. 손가락에 힘이 없으니 연필 잡기를 힘들어합니다. 색연필이나 무른 연필을 사용하는 것도 아니어서 손가락에 힘을 주어야 합니다. 그래서 자기들 편한 대로 잡는 것이지요.

아이들이 계속 학교에 갔더라면 담임 선생님이 주의 깊게 살펴보고 지적해주셨을 테니 많이 고쳐졌을 겁니다. 그러나 지금은 코로나 상황이라 선생님과 대면할 기회도 적으니 고쳐지지 않습니다.

우리 집 첫째 손녀가 1학년 내내 연필 잡는 것이 고쳐지지 않았고, 2학년 때도 마찬가지였습니다. 연필 잡기 교정기가 있나 하고 몇 군데 문구점을 찾아다니다 적당한 것을 발견했습니다. 말랑말랑하고 크기도 작아서 거추장스럽지 않고, 손가락이 피로하지 않습니다.

아이는 교정기가 끼워진 연필로 글씨를 쓰면서부터 전보다 훨씬 예쁘게 씁니다. 필순에 맞지 않게 쓰는 글자들은 아직 모양이 예쁘지 않지만 두어 달 전보다 훨씬 예쁘게 씁니다. 유치원에 다니는 동생한테 한 개만 주라고 해도 싫다고 합니다. 문구점에 다시 들러 몇 개 남은 것을 샀습니다. 1학년에 다니는 외손녀에게도 줘야겠습니다.

바르게 연필 잡기

✦ '미안해요'를 자주 하는 아이 (2021.01)

여섯 살 손녀는 다섯 살 때부터 '미안하다'라는 말을 입에 달고 살았습니다. 제가 잘못한 것이 아닌데도 미안하다고 합니다. 잘못한 것이 없을 때는 미안하다고 하는 것이 아니라 정말 잘못했을 때 미안하다고 하는 것이라고 했습니다.

요즈음은 미안하다는 말을 덜 합니다. 녀석의 자아가 단단하게 여물어 가는 때문인지, 단단하게 자랐으면 싶은 할머니의 이기적 가르침 때문인지 모르겠습니다.

며칠 전 유치원에 다녀온 녀석에게 재미있게 잘 놀다 왔느냐고 물었더니, 아니라고 합니다. 친구가 가지고 놀던 장난감을 저더러 치우라고 했답니다. 그래서 속상했답니다. 저는 그 장난감을 안 가지고 놀았는데 치웠답니다.

늙은 할머니는 아이에게 또 이기심을 가르칩니다.

"너는 안 가지고 놀았는데 혼자 치우며 속상했지? 그럴 땐 친구더러 '내가 도와줄게 같이 치우자.' 하고 말하는 거야."

다른 아이들보다 키도 작고 성격도 온순하여 아이들 심부름이나 해주는 것은 아닌가 걱정됩니다. 타인을 이해하고 배려하고 양보하는 능력이 다른 아이들보다 뛰어난 녀석이지만, 좋고 나쁜 자신의 감정을 솔직히 표현할 수 있는 야무진 아이로 컸으면 좋겠습니다. 그리고 자기 일을 먼저 하고 남을 돕는 조금은 이기적인 아이로 자랐으면 싶습니다.

✦ 2학년 손녀의 고민 (2021.01)

"할머니, 지금부터 고민 상담해요."

큰 녀석이 말합니다.

"시우, 너도 고민 있으면 말해."

수학 공부가 끝나자 큰아이가 갑자기 고민 상담을 하자고 합니다. 거의 한 달 만에 학교에 갔는데, 학교에서 속상한 일이 있었던가 봅니다. 그렇지 않아도 자기가 키가 제일 작아서 속상하다고 늘 말하는 아이입니다. 그것 때문인지 아이들이 같이 놀아주지 않는다고 가끔 푸념도 합니다.

"속상한 일이 있었니?"

"오늘 학교에서 선생님이 자기가 좋아하는 친구에게 편지를 쓰라고 했어."

"그런데?"

"나한테는 아무도 편지 안 해줬어."

"진짜 속상했겠다. 네 머릿속에 얼마나 많은 것이 들어 있는데, 애들은 그런 것도 몰라보고."

"애들끼리 편먹고 나는 안 시켜 줘."

다른 아이들보다 어휘력과 수학적 사고력이 조금 빨라 혹시 아이들보다 한발 앞서 나대는 것은 아닌지 걱정됩니다.

"애들도 참 바보다. 너같이 똑똑하고 예쁜 애하고 친구 안 하고 누구랑 한데?"

"1학년 때 같은 반이었던 애들끼리만 놀아."

"그럼 걱정하지 마. 내일 반을 나눈다면서? 그럼 새로운 친구를 사귀게 될 텐데 뭐."

아이는 나한테 자신의 마음에 있던 말을 한 것으로 속상했던 것이 조금 나아진 모양입니다. 고민 상담 따위는 잊었는지 깔깔거리며 놀이에 정신을 팝니다.

2학년 손녀의 자화상

✦ 유치원 손녀의 고민 (2021.01)

"할머니, 나 유치원에 가면 속상해."

"왜 속상한데? 너보고 장난감 치우라고 해?"

"아니, 소꿉놀이할 때 나보고 맨날 언니 하래."

"동생보다 좋다."

"다섯 살 때는 동생 하라고 했어. 지금은 동생 없어."

유치원에서는 나이가 같은 아이들을 묶어서 반을 만들기 때문에 아마 동생 할 만한 아이가 없는 모양입니다.

"언니가 왜 나빠? 좋겠다."

"아냐, 나빠. 나는 엄마 돼서 요리하고 싶은데, 나는 맨날 앉아 있으래."

"너도 엄마 한다고 해."

"아냐, 000가 맨날 엄마 내고, 나는 안 시켜줘."

"진짜 속상하겠다."

"근데 000가 오늘 안 와서 다른 애가 엄마 했어."

이 녀석도 같은 또래보다 키가 작고 복숭아색 볼이 빵빵하여 아주 귀엽게 생겼습니다. 그래서 또래 아이들끼리도 우리 아이를 어리게 보는 모양입니다. 그래서 소꿉놀이의 가장 낮은 계급인 언니를 시키는가 봅니다.

"할머니, 소꿉놀이하자."

나는 그만 우리 집으로 내려가 쉬고 싶었으나 엄마가 되어 요리하고 싶은 녀석의 마음을 풀어줘야 할 것 같았습니다.

"네가 엄마 해. 나는 언니 할게."

"아냐, 난 엄마가 아니고 셰프야. 요리사야. 할머니는 내 요리 먹고 회사 가는 사람이야."

"셰프님, 음식 맛있게 해주세요. 빨리 먹고 회사 가야 해요."

"네, 꽃으로 맛있는 음식 해드릴게요. 조금만 기다리세요."

우리의 소꿉장난 놀이는 한동안 계속되었습니다.

언니 소꿉놀이 하자

✦ 산성과 알칼리성에 대한 실험 (2021.01)

산성과 알칼리성에 대해 실험을 했습니다.

1. 준비물: 베이킹소다, 식초, 물감, 꼬마 시럽 약병 3개, 화장지 심 3개, 넓은 쟁반 1. 수저 1

2. 방법: 꼬마 시럽 약병에 각각 노랑, 파랑, 황색의 물감을 조금씩 넣고 식초를 넣어 흔들어 색 식초를 만듭니다. 화장지 심에 토하는 표정(입), 우는 표정(눈), 화난 표정을 그리고 필요한 부분을 오려냅니다.

화장지 심 안에 베이킹파우더를 한 수저씩 넣고 만들어 놓은 꼬마 시럽 병의 색 식초를 떨어뜨립니다.

화가 난 표정은 머리 위로 거품이 보글보글 나오고, 우는 표정은 뚫어놓은 양쪽 눈으로 파란 눈물이 나옵니다. 그리고 토하는 표정은 뚫린 입으로 노란 게거품을 토해냅니다.

아이는 좋아서 깔깔거리며 자꾸 되풀이합니다. 그리고 주변에 있는 밀가루, 소금, 설탕 등을 넣고 그 위에 식초를 뿌립니다. 알칼리성과 산성에 대해서는 확실히 알게 되었을 것입니다. 주변에 있는 물질에 식초를 넣어보는 실험은 3학년 때 다시 해보겠지요. 참 비대면 수업이라 실지로 해볼지 모르겠습니다.

동생하고 같이해야 하는데 저 혼자 했다며 저녁에 동생이 유치원에서 오면 다시 해보겠다고 벼릅니다.

(이 실험은 다른 블로거가 올린 집콕놀이를 보고 따라 했습니다. 감사합니다.)

산성과 알칼리성 실험

✦ 마음에 담아두지 마세요 (2021.01)

작은 아들놈이 늦은 저녁에 찾아와서 할 말이 있다고 했습니다. 내일 근무해야 하는데, 무슨 일인가 싶어 가슴이 두근거렸습니다.

녀석이 던지고 간 말에 가슴이 아팠습니다. 자식 키워봤자 소용없다는 말은 틀렸다고 하며 살았던 내 생각이 와르르 무너져버렸습니다. 자식 셋 중에 부모를 끔찍이 챙기고 집안의 힘든 일에 앞장서서 해결하려 달려드는 녀석인데, 그러고 보니 요즘 왕래도 뜸했습니다.

답답한 가슴을 진정시킬 수가 없어서 큰며느리에게 하소연했습니다. 며느리는 난처한 표정을 지으며 듣고 있었습니다. 3학년이 되는 손녀가 옆에 있는데, 그것조차 생각할 여유가 없었습니다. 녀석이 옆에 와 앉으며 내 얼굴을 걱정스러운 표정으로 올려봅니다. 금방 퇴근한 며느리를 잡고 한없이 하소연할 수도 없어서 우리 집으로 내려왔습니다.

큰 손녀가 문밖까지 나오며 나를 위로해 주었습니다.

"할머니 너무 속상해하지 마세요. 그리고 나쁜 생각을 마음에 담아두지 마세요. 재미있는 일만 생각하세요. 알았지요?"

나는 녀석의 머리를 쓰다듬어주었습니다.

"그래, 걱정 안 하마. 그리고 어서 자."

문을 닫고 나오며 눈시울이 뜨거워졌습니다. 이제 겨우 열 살인 아이의 위로에 더 서러워졌습니다.

✦위로가 필요한 아이 (2021.01)

저녁 6시 25분, 휴대폰이 울렸습니다.

"할머니, 할 말이 있는데…"

큰놈의 목소리 톤이 다른 날보다 훨씬 낮습니다. 눈물이 배어있습니다.

보통 6시 30분이면 올라가는데, 큰아들 내외가 오늘은 할머니한테 전화하지 말라고 한 모양입니다. 작은아들이 어제 던지고 간 말에 내가 마음 상해 있는 것을 알고 있기 때문이지요. 큰 녀석이 내가 저희 집에 가야 할 이유를 만듭니다. 시우가 놀자고 한다고.

다른 날 같으면 밥을 먹고 있거나 '할머니!' 하고 뛰어와 안기는 녀석이 방바닥에 앉아 책을 뒤적이고 있었습니다. 이제 겨우 한글을 익힌 동생에게 읽어주면 좋겠다고 책 한 권을 건넵니다.

"그래, 시우한테 읽어줄게. 그런데 너 속상한 일 있었어?"

"할머니, 오늘 학원 버스 타고 오는데 여섯 살짜리 연우가…, 할머니 이리 와."

손을 잡아끌고 놀이방으로 들어가 문을 닫은 아이의 눈에 눈물이 그렁그렁합니다.

저는 너무 피곤하여 아무 말도 안 하고 앉아 있었답니다. 그런데 연우가 저를 귀찮게 하고, 주먹으로 가슴을 치고, 어깨도 치며 괴롭혔답니다. 갈비뼈가 너무 아팠답니다. 그만하라고 해도 그치지 않아 그 아이를 한 대 때렸는데 사범님이 저만 혼냈답니다. 저는 많이 맞아 아픈데, 한 대밖에 안 때린 저만 혼났다고 합니다.

"진짜 아팠겠다. 그 사범님 나쁘다. 버스 백미러로 네가 맞는 거 봤을 텐데, 그때는 아무 말도 안 하고. 사범님 정말 나빴어!"

"아이가 때리면 사범님한테 말하지 그랬니? 네가 때리지 말고."

"그러면 애들이 나보고 그런 거 이른다고 해."

아이는 이야기하며 눈물을 흘립니다.

"애들이 뭐라고 하는 거 신경 쓰지 마. 네 몸은 네가 지켜야 해. 그렇다고 때리라는 것은 아니야. 어른의 도움을 받아야 해. 큰소리로 어른에게 도와달라고 하는 거야. 그건 고자질 아니야."

진짜 억울했겠다고 위로하며 울고 싶을 때는 실컷 우는 거라며 꼭 안아주었습니다. 이제 곧 3학년이 되는데, 품 안에 쏙 들어와 안기며 눈물을 흘립니다.

"어른들은 약자를 보호하는 거란다. 그 애가 너보다 어리니까 선생님이 그랬을 거야." 조금 진정된 뒤 한마디 해줍니다.

이제 밥을 먹자며 손을 잡고 나왔습니다. 아이는 기분이 좋아져서 다른 날보다 밥을 더 먹습니다.

✦ 학교 공부 끝나고 다시 학원에 (2021.01)

우리 큰 손녀는 여러 학원에 다닙니다. 좀 줄였으면 싶은데 아이는 다 다니고 싶다고 합니다.

"너 저번 태권도 학원 버스 타고 올 때 여섯 살짜리하고 싸웠다고 했지?"

아이는 할머니가 무슨 말을 하려고 그 이야기를 꺼내는지 궁금한 표정이었습니다.

"그때 너 엄청 피곤해서 아무하고도 말하고 싶지 않았었지? 다른 날 같으면 하지 말라고 했을 텐데."

"맞아. 나 그날 아무 말도 하기 싫었어."

아이는 그날 일을 생각하니 부아가 치미는 모양입니다.

"그건 네가 학원을 하도 많이 다녀서 그래. 하나나 둘 정도 그 만두면 어떠니?"

"어디를 그만둬?"

"눈높이 수학."

"안 돼, 그건 해야 해."

"그러면 피아노."

"안 돼, 그것도 해야 해."

"그럼 논술."

"안 돼, 그것도 해야 해."

"그럼 태권도."

"절대 안 돼."

"그럼 영어."

"그것도 절대 안 돼."

"그러면 미술을 그만둬라."

"그것도 절대 안 돼."

매일 가는 곳이 태권도, 영어, 피아노 학원이고, 일주일에 세 번 가는 곳이 눈높이 학습센터, 논술은 주 1회, 방문 미술 수업이 주 1회입니다. 요즈음은 방학이니 그래도 덜 힘들겠지만 학교가 정상적으로 운영되면 무척 힘들 것입니다. 방과 후에 세 시간 이상씩 의자에 앉아 있거나 단체 활동을 해야 하니 얼마나 몸이 고될까 생각됩니다.

마음 같아서는 한두 곳만 빼고 다 그만두라고 하고 싶지만 워킹맘인 엄마의 불안한 마음이 아이를 여러 학원에 보내는 것 같습니다. 그리고 아이가 학원 가는 것을 마다하지 않으니 보내겠지만 아이들 사교육비도 만만치 않을 것입니다.

한편 생각하면 아이에게 친구가 없기 때문에 학원에 집착하는 것인지도 모르겠습니다. 친구들이 저와 안 놀아준다고 합니다. 학기가 끝나고 친한 친구에게 편지 쓰기를 했는데 저는 한 통도 못 받았답니다. 그렇게 학교에서 소외되는데, 학원은 소그룹 학습이고, 아이들 하나하나가 수입에 직결되니 신경을 많이 쓸 것입니다.

그 많은 학원에 다니면서 다른 아이들에게 뒤지지 않고 재미있어

합니다. 녀석이 제일 좋아하는 엄마를 실망시키지 않으려는 때문인 듯합니다. 내가 건강해서 아이의 학력을 책임진다고 말할 수 있으면 좋겠는데, 그렇지도 못합니다. 우리 아이 스스로 안 가겠다고 하면 좋으련만 왜 그리 욕심이 많은지.

학교 공부 끝나고 다시 학원으로

✦ 구미호라고 불러 달래 (2021.01)

"할머니, 애들이 나를 카톡 방에서 빼버리고 같이 놀지도 않겠대."

아이는 친구들이 자기를 따돌리는 것 같아 몹시 서운한 모양입니다. 아무 말도 하지 않고 앉아 있는 녀석이 뭔가 문제가 있는 듯하여 물었더니 그렇게 대답합니다.

아이들은 조금만 서운하게 해도 따돌린다고 생각합니다. 다음 날은 잊어버리고 아무렇지 않게 지낼 거면서 다시는 안 볼 것같이 말합니다. 상대도 아무렇지 않게 받아들이면 좋겠지만 당한 사람은 그렇지 않습니다. 마음의 상처를 입게 되지요.

"그런데 할머니, 그 애가 엘리베이터에서 자기를 구미호라고 해 달래. 그러면 같이 놀겠데."

"왜 그 애는 자기를 구미호라고 불러 달래?"

"구미호는 예쁘잖아."

만화의 예쁜 구미호 캐릭터 이름을 그 아이에게 붙여주고 싶지 않았던가 봅니다. 구미호는 예쁘기 때문이라고 생각해서겠지요.

"그 애한테 내일 구미호라고 말해줘."

아이는 좋지 않은 표정입니다. 그래서 구미호가 어떤 것인지 설명해 주었지요. 꼬리가 아홉 개 달린 여우가 천 년 동안 사람을 잡아먹고 사람으로 둔갑해서 사람들의 정신을 어지럽히고, 결국 잡아먹는 것이 구미호라고.

"너 같으면 얼굴이 예뻐도 그런 구미호가 되고 싶니?"

아이는 절레절레 고개를 젓습니다. 그 아이에게 내일 '구미호'라고 꼭 해주겠다고 합니다. 그러면서 히죽 웃었습니다.

다음날 친구에게 구미호라고 해주었냐고 물었습니다. 그 말을 해줬다면서 히죽 웃었습니다.

네가 더 예뻐

✦ 제가 오래 기억할게요 (2021.01)

아이의 책을 읽으며 한 구절이 눈에 띄어 아이에게 말했습니다.

"시은아, 할머니 죽은 뒤에도 기억해 줄래? 그러면 할머니는 죽지 않고 네 옆에 있는 거니까."

"할머니, 내가 오래오래 기억할게. 그리고 명절 때마다 할머니 산소에 가서 절하며 그동안 있었던 이야기 많이 많이 해드릴게."

"아니! 네 아빠보고 내 무덤은 만들지 말라고 할 거야. 바다에 띄워달라고 할 거야."

정말 그러고 싶습니다. 어디든지 훨훨 다니고 싶은데 아이들 키우고 남편 돕느라 그러지 못했습니다. 이제는 내 몸이 아프고 남편의 보호자 노릇을 해야 하니 더 옴짝할 수 없는 형편이 되었습니다.

아이가 의아한 눈으로 왜 그러냐고 물어서 나는 여행을 못 가봐서 죽어서는 멀리 여행을 가고 싶다고 말했습니다.

"안 돼! 그럼, 할머니 생각날 때 나는 어디 가야 해?"

"바다는 넓고 넓어. 세계 어디든지 닿아 있잖아. 아무 데나 바닷가에 가서 할머니 생각하면 되잖아."

"아냐. 싫어. 그러지 마."

아이의 목소리가 벌써 울먹입니다.

바다에 뿌려져 흔적 없이 사라지거나 멀리멀리 떠다니고 싶다는 마지막 소망까지 접어두어야 하는 것은 아닌가 싶습니다.

할머니를 기쁘게 해드리자

✦ 동생이 울면 나와보는 거야 (2021.02)

　작은 녀석이 유치원에서 만든 제 작품을 자랑하려고 꺼냈습니다. 나는 그 작품을 보기 위해 허리를 낮추고 칭찬하는 중이었습니다. 큰 녀석이 그때 마침 우리 둘 사이를 휙 통과해서 공부방으로 가고 있었습니다.

　손에 쥐고 있던 작품의 모서리가 작은 녀석의 눈두덩을 할퀴었습니다. 큰 녀석이 일부러 우리 둘 사이를 비집고 지나가지는 않았을 것입니다. 우리 둘이 서 있던 장소가 좁은 복도였기 때문일 것입니다.

　작은 녀석이 울기 시작합니다. 나는 얼른 녀석의 얼굴을 살폈습니다.

　"좀 다쳤구나. 아프겠다. 그런데 피도 안 난다."

　너도, 언니도, 할머니도 잘못이 없다고 말해줍니다. 여기가 좁은데 우리 둘이 작품을 볼 때 언니가 지나갔기 때문이라고 말해줍니다.

　작은 녀석은 울음을 쉽게 그치지 않습니다. 큰 녀석은 제 잘못이라고 혼날까 봐 공부방에 들어가서 기척도 없습니다. 나는 계속 우는 작은 녀석을 안고 큰 녀석이 있는 방으로 들어갔습니다.

　"시우가 우는 건 아파서 그래. 너는 잘못한 것이 없어. 동생이 울면 왜 그런지 나와봐야 하는 거야. 잘못이 없어도, 잘못했어도 나와보는 거야. 알았니?"

혼낼 줄 알았던 할머니가 자기 잘못이 아니라고 말하니 안심이 됐나 봅니다.

"할머니, 허리 아프다며 왜 시우를 안고 다녀?"

"네가 자기 잘못이라고 생각할까 봐 알려주려고 그러지."

작은 녀석의 울음소리도 잦아들었습니다. 굳어있던 큰 녀석의 얼굴도 풀렸습니다. 그러나 작은 녀석의 눈두덩에 나무 모서리가 긁고 지나간 흔적이 벌건 선으로 표가 났습니다.

"지금은 아프지만 흉은 안 지겠다. 정말 다행이다."

작은 녀석을 안심시키고, 그 일은 그렇게 마무리되었습니다.

위험할 때는 도와주세요

✦ 회장 선거 (2021.02)

"할머니가 4학년을 담임할 때의 일이란다. 3월에 우리 반에서 회장 선거가 있었지. 참 3학년까지는 반장만 있고, 4학년부터는 학급 회장과 반장을 뽑는단다."

아이는 귀가 솔깃한 모양입니다.

"너희도 이제 학교에 가면 반장을 뽑겠구나."

아이들이 다니는 학교에서는 반장을 뽑는지 잘 모르지만 그렇게 말을 시작했습니다.

"할머니 반에 공부는 항상 1등이고, 말 잘하고, 똑똑하고, 아이들 통솔도 잘하는 아이가 있었어. 할머니는 그 아이가 회장이 되었으면 했지."

"그런데 누가 됐어요?"

"공부는 10등 안팎에 들고, 목소리도 크지 않으며, 말도 똑 부러지게 하지 않는 아이가 회장이 되었단다."

"할머니, 나 같으면 공부 1등 가고, 똑똑한 아이를 뽑을 거야."

나도 그러기를 바랐습니다. 학급의 잡다한 업무 중에 학급 간부의 도움을 받을 일이 제법 있거든요.

"그런데 살펴보니까 뽑힌 아이는 1등은 못 가지만 아이들과 잘 어울려 놀고, 친구들의 어려운 부탁도 잘 들어주는 아이더구나. 그래서 그 친구를 회장으로 뽑았나 봐."

그 아이를 회장으로 뽑았기 때문에, 4학년 때부터 시작하는 학급 자치활동을 운영하는 데 많이 힘들었습니다. 한참 지난 뒤에도 운영이 잘되지 않았습니다. 대부분 4학년의 자치활동은 잘 이루어지지 않는 편이기는 합니다만.

내가 아이에게 이 이야기를 한 까닭은 학급 반장이 되고 싶은 녀석의 속마음을 잘 알기 때문이지요. 그리고 공부가 최선이 아니라 아이들과 어울려 학교생활을 잘해 나가는 것이 더 중요하다는 것을 알려주고 싶었기 때문입니다.

손녀의 친구들

✦ 대꾸 없는 아이 (2021.02)

아이가 뭐에 삐진 모양인지 대꾸가 없습니다.

"너 학원에 몇 시에 가니?"

어떤 날은 12시 50분에, 어떤 날은 2시 10분에 또 어떤 날은 1시 50분에 학원에 가는데, 헛갈릴 때가 많습니다. 보강 수업도 있고 수강 과목이 세 개일 때도, 네 개일 때도 있기 때문이지요.

한참 있다가 '50분' 하고 작은 소리로 말합니다. 아침 먹은 뒤 소파에 뒹굴며 TV에 빠져 있는 녀석에게 또 물었습니다.

"TV는 몇 시까지 볼 건데?"

대답이 없습니다. 보통 때의 경우 10시까지 TV를 본 뒤 책을 읽고 공부를 합니다.

나도 그 후 아무 말도 안 했습니다. 그리고 아이들이 먹은 것을 정리하고 핸드폰을 들고 일어섰습니다. 그때가 9시 20분경이었습니다.

"네가 TV만 보고 있으니 내가 여기 있을 필요가 없겠다. 할아버지 심심하고 할머니도 할 일이 있으니 내려갈 거야. TV 그만 볼 때 전화해라."

딱 그 말만 하고 뒤도 안 돌아보고 우리 집으로 내려왔습니다. 그리고 우리 집에 와서 밀린 일을 정리하였습니다.

"할머니, 나 TV 껐어요."

손녀한테서 전화가 온 것은 9시 40분이었습니다.

"그래 약속했으니 올라갈게."

아들 집에 올라가서 손녀에게 이야기했습니다.

"너, 할머니가 물어도 몇 번이나 대답을 안 했어. 네가 TV 40분까지 보겠다고 했으면 할머니가 10시까지 보라고 했을 거야. 대답을 안 했기 때문에 20분 손해 본 거잖니? 누가 물으면 대답을 하는 거야. 대답 안 하면 무시당한 느낌이 든단다. 할머니가 너한테 무시당한 기분이 들면 좋겠니?"

아이는 아무 말이 없습니다. 전에도 묻는 말에 대답을 안 하는 일이 가끔 있었으나 그냥 넘어갔습니다. 이제는 친해질 만큼 친해졌으니 아이에게 옳고 그른 것과 아이가 지켜야 할 예절을 하나씩 가르쳐 주어야겠습니다.

아이의 바깥 생활은 걱정하지 않습니다. 그 나이의 다른 아이들보다 예절 바르고 옳은 일을 행하려 노력하는 아이니까요. 그렇지만 대부분의 아이들이 그렇듯이 집에 오면 동생과 비슷한 나이로 퇴행해 버립니다.

✦ 여섯 살의 비밀 (2021.02)

"할머니, 이거 비밀이야. 아무한테도 말하지 마."

작은 녀석이 입을 모아 내 귀에 바짝 대고 소곤거립니다.

"알았어. 그런데 무슨 말이야?"

"나 우리 반에 있는 윤○○랑 커서 결혼하기로 약속했어."

"그래? 왜 그 애하고 결혼하기로 했는데?"

"잘 생겼어. 그리고 나한테 장난도 안 쳐."

"그렇구나."

어! 지난해 헤어진 친구를 만나야 한다고 했었는데, 그 아이가 아니네요. 시간이 약속을 밀어냈군요.

"그런데 시우야, 결혼은 커서 하는 것이니까 뽀뽀 같은 거 하면 안 된다."

늙은 할미는 아이들이 커서 결혼하겠다면 노파심이 발동합니다.

"알았어."

"그냥 손만 잡고 노는 거야."

"알았어."

"그런데 할머니, 나중에 아기 낳으면 이름 짓기로 했다."

"뭐라고?"

"구름이, 무지개."

아이와 이야기하는 소리를 듣고 이모님이 깔깔 웃습니다. 나중에 자식을 낳으면 이름을 짓기로 했다는 말에 더 웃습니다. 그런데 이름도 참 예쁘게 짓기로 했더군요.

"할머니, 이거 비밀이야."

"그런데 시우야, 너 아빠하고는 결혼 안 할 거야."

"에이, 할머니. 내가 어른 되면 아빠는 늙는단 말이야."

감정 표현이 무딘 아들놈이 작은 녀석 때문에 많이 웃는데, 그 녀석이 이 말을 들으면 많이 서운할 것입니다.

나는 아이의 대답에 허를 찔린듯하고 우습기도 합니다.

할머니, 이건 비밀이야

✦ 별들아, 우리 삼촌 봤니? (2021.02)

밤이 되었습니다. 창밖에 어둠이 내리기 시작했습니다. 하나둘 거리의 불빛이 눈을 뜨기 시작합니다. 밖이 어두워졌습니다. 자동차의 헤드라이트, 가로등, 가게의 휘황한 불빛과 네온사인, 광고판의 불빛, 각색의 불빛들이 제 모습을 자랑합니다.

"야, 밖에 별이 내려왔다. 정말 예쁘다."

나는 가끔 길거리의 불빛을 보고 하늘에서 너희들이 보고 싶어 내려온 별이라고 말합니다. 작은 녀석이 밖을 내다보더니 한마디 합니다.

"얘들아, 너희는 우리 삼촌 봤니?"

아이의 삼촌은 군대 갔다가 사고로 세상을 떴다고 들었습니다. 제 엄마의 바로 위 오빠이니 살아 있어도 한창나이일 텐데, 사돈네 식구들의 가슴이 얼마나 아팠을까 생각하니 가슴이 짠해집니다.

"그런데 시우야, 왜 불빛 보고 삼촌 봤냐고 물었어?"

"불빛은 하늘에서 왔으니 우리 삼촌 봤을 거야. 난 못 봤어. 보고 싶어."

삼촌 이야기를 한 일이 없는데 왜 갑자기 삼촌 생각이 났는지 모르겠습니다. 아마 설날이 며칠 남지 않아 어른들에게 현충원에 성묘 가는 이야기를 들은 것이 아닌가 싶습니다.

"그런데 할머니, 할머니네 아들딸은 안 죽었어?"

녀석은 가족이 죽으면 니무 슬퍼서 싫다고 가끔 말하곤 했습니다.

"응, 고모, 아빠, 작은 아빠가 할머니가 낳은 아들딸이지."

그 대답을 하며 요즈음 작은 아들놈 때문에 서운했던 내가 부끄러웠습니다. 자식을 가슴에 묻고 사는 사람도 있는데, 모두 건강하게 살고 있으니 이보다 더한 복이 어디 있겠나 싶었습니다.

"너, 삼촌 얼굴 몰라?"

"죽었는데 어떻게 봐!"

당연한 걸 왜 묻냐는 얼굴입니다.

"사진 있잖아?"

"사진도 없어."

사진도 없을까 싶어서 큰 녀석에게 물었습니다.

"응, 외갓집에 삼촌 사진 없어. 그런데 할머니 지갑에는 있어."

언제나 밝고 자신이 가진 것을 누구에게나 나누어주던 품이 넓은 사부인이 외아들의 사진을 지갑 속에 감추고 다니며, 눈물 나는 시간을 얼마나 많이 참아내셨을까 생각하니 눈시울이 뜨거워집니다.

우리 아들과 아들의 윗동서가 장인 장모의 외로운 마음을 많이 위로해드렸으면 좋겠습니다.

별들아, 우리 삼촌 봤니?

✦ 내가 배웅해 줄게요 (2021.02)

방학하기 며칠 전부터 큰 녀석에게 유치원 버스 타는 데까지 동생을 데려다주지 않겠느냐고 했습니다. '아래층 네 친구는 날마다 동생을 데려다주고 칭찬 많이 받더라.'라는 말을 하여 자극을 주었지요.

동생은 머리 빗고 세수하고 통학차를 타러 가는데, 언니는 뒹굴며 TV를 보는 모습을 보고 부러워하는 눈치였습니다. 동생을 배웅하러 가면 어른들도 만나게 될 테고, 어른들한테 칭찬을 받는 것도 좋은 일이거든요. 그러려면 밥도 일찍 먹고 세수도 하고 양치질도 할 것 같았기 때문이지요.

큰아이가 가겠다고 선뜻 대답합니다. 2학년 초기까지 동생을 달갑게 생각하지 않았기에 어쩔지 싶었는데 다행이었습니다.

밥은 일찍 먹고 세수는 했지만 양치질은 안 하고 가글만 하는 눈치였습니다. 어쨌건 잠시라도 TV를 안 보고 움직이니 그것만도 좋은 일이지요. 할머니도 같이 갈까 하고 물었는데 혼자 가겠답니다. 살살 뒤를 따라갔더니 제 역할을 잘 해냈습니다.

다녀와서 자기 친구도 나왔다며 좋아했습니다. 그리고 유치원 선생님과 거기 나오신 엄마들한테 칭찬 많이 들었답니다. 내일 또 동생을 배웅해 주겠다고 합니다.

큰 손녀는, 동생은 경쟁하는 상대가 아니고 보호해 주고 사랑해 주어야 하는 가족이라는 것을 서서히 익혀가는 중입니다.

✦ 엄마 평상복에서 외출복까지 (2021.02)

아들 며느리가 바쁘게 나간 뒤 아이들이 밥을 먹고 뒷정리도 대충 끝났습니다.

침대를 정리하는데 아이들이 따라와 돕겠답니다. 그러더니 제 엄마가 벗어놓은 옷을 한 가지씩 꿰어 입고 히히거리며 좋아합니다.

"시우야, 엄마 아빠 옷장 열어 보자."

큰 녀석이 시작합니다.

지난번에 작은놈이 유치원 갔을 때 언니가 엄마 아빠 옷 입고 놀았던 사진을 보고 작은놈이 '지들만 놀았다'고 삐진 일이 있었는데 그게 생각났던 모양입니다.

"우리, 엄마 아빠 옷 입어보자."

아이들은 옷장 문을 열고 어떤 옷을 입을까 고르면서 입이 귀에 걸립니다. 동생은 제 엄마 윗도리 한 벌이면 너끈합니다. 언니는 엄마 상의에 치마까지 입고 너풀너풀 춤을 추며 좋아합니다. "엄마 냄새난다." 아이들은 제 엄마 옷을 입고 좋아합니다.

큰 녀석이 학원에서 일기를 써왔습니다.

"할머니가 '엄마가 왜 그렇게 색시 해요?' 해서 우리는 빵 터져서 막 웃었다."라는 내용이 있는가 하면 빨리 어른이 되고 싶다는 이야기와 나중에 자신과 결혼할 상대는 누구일까? 하는 이야기 등을 썼습니다. 또 자기가 낳을 아이는 어떤 아이일까? 그것도 궁금하다는 내용도 있었습니다.

내가 힘드니 그만하자고 했더니

"할머니는 우리 사진만 찍어주는데 뭐가 힘들어?" 큰 녀석이 말합니다.

"야, 인마. 장롱이 높아서 네놈들이 입은 옷을 할머니가 정리해야 하잖아?"

70 고개를 절반이나 넘은 할머니가 얼마나 힘든지 녀석들이 알 턱이 없지요.

엄마처럼 예쁘게

✦ 명절은 추억이에요 (2021.02)

저는 명절 음식을 조금만 합니다. 평상시처럼 하루 먹을 만큼만 하지요. 장 보는 데도 돈이 적게 들고, 아이들이 돕지 않아도 혼자 뚝딱해 낼 수 있습니다.

이번 명절은 손주 녀석들에게 추억을 만들어주어야겠습니다. 첫째 손녀에게는 제 엄마와 함께 전 부치는 일을 맡기고, 작은 녀석은 아빠와 함께 만두 만드는 일을 시켰습니다. 만두 만드는 일이 늦어져서 첫째가 동생과 아빠를 도왔습니다.

첫째 녀석은 만두를 잘 먹지 않는다는데, 제가 만든 것이라 그런지 한 개는 먹었다고 자랑했습니다.

올해는 코로나 때문에 같이 살지 않는 친척은 5인 이상 모이지 말라는 정부 시책이 발표되었습니다. 그래서 딸도 작은아들도 오지 말라고 당부했습니다. 다행히 큰아들네가 같은 동 몇 층 위에 살아서 손녀들이 화사한 한복을 입고 나풀거리고 왔다 갔다 해서 쓸쓸하지 않은 설이 되었습니다. 코로나가 휩쓴 2021년의 새해 설날을 아이들은 어떻게 기억할까요?

설날은 추억이에요

✦ 손녀에게 받은 칭찬 상장 (2021.02)

큰 녀석한테서 칭찬 상장을 받았습니다. 학교에서 칭찬해주고 싶은 사람에게 칭찬 상장을 만들어주는 수업을 한 모양입니다.

'나를 매일매일 즐겁고, 똑똑하고, 항상 웃게 이끌어주었다.'라는 문장이 나를 기쁘게 했습니다.

제 친구 중 한 명에게 칭찬 상장을 주었으면 더 좋았을 텐데 좀 아쉽습니다.

우리가 큰아들네와 이웃하여 살게 된 지 꼭 2년이 되었습니다. 처음에는 큰 손녀가 저 자신을 보호하기 위해서인지 온몸에 가시가 돋은 것같이 행동했습니다. 아들 내외도 정기적으로 상담사를 불러 아이의 상담을 의뢰했습니다.

동생에 대한 미움과 폭력은 도를 넘어서 작은 녀석은 기를 펴지 못한 상태였지요. 내가 접근해 가는 것도 아주 싫어하고 자기를 돌봐주는 이모님에게도 무안할 정도로 거칠게 대했습니다.

자아가 형성되어가면서 저는 왜 외할머니댁에 맡겨 키웠느냐고 속상해했습니다. 저는 외할머니가 엄마인 줄 알았다고 합니다. 며느리가 둘째를 낳고 1년을 휴직하고 아이들을 돌봤습니다. 집에 와보니 동생이 있고, 자연히 더 어린 동생에게 엄마의 시선이 가는 것이 서러웠던 모양입니다.

아이의 거친 행동은 거의 사라졌습니다. 다른 사람의 이야기도 잘 들을 줄 알고 동생을 보살필 줄도 압니다. 처음에는 녀석의 거친 행동에 나무랄 수도, 화를 낼 수도 없었는데 이제는 잘못된 행동은 그때그때 지적해 줍니다. 동생에게 절대 사과하지 않는 버릇도 조금씩 고쳐가고 있습니다.

제 엄마가 퇴근한 뒤에 내가 우리 집으로 내려오는 것을 보고 동생이 더 놀자고 짜증 부렸습니다.

"시우야, 할머니는 절대 거짓말 안 해. 다음에 놀자."

큰 녀석이 제 동생을 달랩니다.

'이제 많이 컸구나.' 마음이 따뜻해집니다.

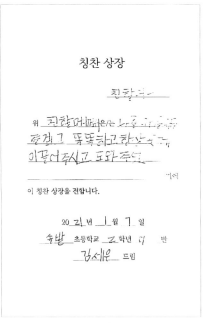

손녀의 칭찬 상장

✦ 절대 비밀 (2021.02)

"할머니 이거 비밀인데…"

아이가 말을 하려다 뚝 끊습니다.

"무슨 비밀인데?"

"할머니, 내가 저번에 비밀이라고 한 말 엄마한테 했지?"

"무슨 말을?"

"엄마가 우리하고 10분도 놀아줄 시간 없다고 하면서 안마의자에 앉아서 스마트폰으로 드라마 본다고 한 말."

무슨 말인가 싶었다가 금방 수긍이 갔습니다.

"아 그거, 내가 블로그에 썼던 거야. 엄마가 거기서 읽었나 봐. 절대 엄마한테는 말 안 했다."

"이번에는 거기도 쓰지 마. 알았지?"

아이는 단단히 다짐을 받습니다. 얼마나 중대한 비밀을 말할 건지 기대됩니다.

"청주 할머니랑 엄마는 자주 싸워. 사이가 안 좋아. 그런데 그게 다 나 때문인 것 같아."

"왜 너 때문에 싸워?"

"엄마는 나한테 해로운 음식이니까 주지 말라고 하는데, 할머니는 조금 먹는 것은 상관없다고 주거든. 그것 때문에 싸워."

아이는 엄마와 외할머니가 언성을 높여 말하는 것을 저 때문인 것 같아 미안하고 죄송한 모양입니다.

"야, 이 녀석아. 엄마와 외할머니는 세상에서 가장 사랑하는 사이란다. 싸우는 것이 아니라 흉허물 없으니까 서로 편하게 하고 싶은 말 다 하는 거야."

아이는 이해가 되지 않는 모양입니다. 나는, 친정어머니와 가까이 살면서 도움을 주고받으며 또 서운할 때는 언성을 높여 속에 든 말을 쏟아내는 사돈과 며느리의 사이가 부러웠습니다.

할머니가 비밀을 지켜야 하는데

✦ 난 태권도 사범이 될 거예요 (2021.02)

첫째의 희망은 자꾸 바뀝니다. 처음에는 아빠 엄마처럼 회사원이 되겠다고 했습니다. 그다음은 패션 디자이너, 선생님…, 자꾸 바뀌더니 이제는 연예인이나 태권도 사범님이 되겠다고 합니다.

아이들은 칭찬을 먹고 큽니다. 무슨 일에나 최선을 다하는 녀석이 제가 하고 싶은 운동인 태권도에 소질을 보이고 열심히 하자 사범님이 칭찬을 많이 하시는가 봅니다.

'넌 국가대표 선수가 돼도 되겠다.' 하는가 하면 '넌 우리 학원에서 제일 잘한다.' 하고 칭찬한답니다.

학원에 다니면서 선생님이 주시는 칭찬 쿠폰을 모았는데 방바닥에 깔아 놓으니 제법 많은 수량이 되었습니다. 어디다 어떻게 쓰일지 모르지만 그 쿠폰 하나하나에 아이의 잘하려는 노력이 보이는 것 같아 대견했습니다. 쿠폰을 나누어 준 것을 잊어버리지는 않겠지만 그걸 소중히 간직하는 아이들에게 조그만 보상이라도 주어 실망시키지 않으면 좋겠습니다.

자신은 절대 서울대에 안 가겠답니다. 엄마가 '넌 서울대 가라.'라고 하면서 하루에 잠은 4시간만 자야 하고 3학년 때는 4학년은 물론 5학년 것도 공부해야 한다고 말했던 모양입니다. 지금도 학교의 평균 수준보다 잘하는 편인데 잠도 조금 자고 공부는 앞서가야 한다는 말에 아이는 지레 겁이 난 듯합니다. 그게 서울대를 가기 위한 현실인 것은 인정하지 않을 수 없습니다. 그러나 서울대에 안 가도 아이들의 길은 무궁무진하게 열려있습니다.

나는 아이들이 제 하고 싶은 일 하면서 평범하고 행복한 삶을 살았으면 합니다. 그러나 며느리는 태권도 사범 소리만 들어도 식겁한다고 합니다.

난 태권도 사범이 될 거야

✦ 어린이는 모두 시인이다 (2021.03)

'어린이는 모두 시인이다.'라고 말한 이가 있습니다. 나는 요즈음 일곱 살 손녀를 보며, 그 말이 맞는다는 것을 실감하고 있습니다.

아이는 유치원에서 춘분에 대하여 배운 모양입니다. 해에 관심을 가지고 지는 해를 쳐다봅니다. 그리고 혼자 중얼거리며 혼자 묻고 답합니다.

"해야, 해야 너는 누굴 좋아하니?"

"난 구름을 좋아해."

"왜냐면 구름은 보들보들 솜사탕 같잖아."

그 말을 듣고 있다가 나는 아이의 시선을 다른 데로 이끌었습니다.

"나무야, 나무야" 하고

그랬더니 녀석이 다음을 이어갑니다.

"나무야, 나무야, 너는 누굴 좋아하니?"

"난 새를 좋아해."

"왜?" 이건 내가 물은 말입니다.

"나한테 와서 노래를 불러주니까."

"흙은?" 아이의 생각이 자꾸 발전해 나가는 것이 기특하여 내가 물었습니다.

"흙은 누구를 좋아하니?"

"나는 지렁이를 좋아해."

"왜냐하면 흙을 먹고 좋은 흙으로 만들어 주니까."

아이는 바로 아래 보이는 물로 시선을 옮깁니다.

"물아, 물아, 너는 누구를 좋아하니?"

"나는 원래 물고기를 좋아해. 그런데 사람들이 쓰레기를 마구 버려서 물고기가 다 죽었어. 너무 슬퍼."

유치원에서 환경에 대해 배운 것이 바탕을 이루었겠지만 즉흥적으로 이어가는 아이의 창의력에 감동했습니다.

아이는, 제가 말한 것을 메모하는 나를 빤히 쳐다봅니다. 아직 글자를 조금밖에 모르는 녀석은 휘갈겨 쓴 글자들이 제 입에서 나온 시라는 것을 알 수 있을까요?

너는 누굴 좋아해

해야, 해야, 너는 누구를 좋아하니?
나는 구름을 좋아해.
솜사탕같이 부드럽잖아 .

나무야, 나무야, 너는 누구를 좋아하니?
나는 새를 좋아해 .
나한테 와서 노래를 불러주니까.

흙아, 흙아, 너는 누구를 좋아하니?
나는 지렁이를 좋아해.
더러운 흙을 먹고 좋은 흙으로 만들어주니까.

물아, 물아, 너는 누구를 제일 좋아해?
나는 물고기를 좋아해 .
그런데 사람들이 쓰레기를 마구 버려서
물고기들이 모두 죽어버렸어. 너무 슬퍼 .

나는 누구를 좋아하지?

✦ 아빠가 코 고는 까닭 (2021.03)

3학년이 된 큰 녀석이 자기 방을 따로 만들어 달라고 했답니다. 그렇지 않아도 독립심을 길러야 할 때가 되었다고 생각하고 아이의 원을 들어주려 했답니다. 그런데 작은 녀석이 절대 안 된다고 펄쩍 뛰어서 아직 망설이고 있다고 합니다.

"시우야, 왜 언니 방 따로 못 만들게 했어?"

"엄마랑 언니랑 같이 자야 하는데 언니 없으면 싫어."

아침에 아이들이 눈을 뜰 때는 부모가 모두 출근한 뒤입니다. 그때 제 언니마저 없으면 무섭고 허전할 것 같은가 봅니다. 그래서 말리는 것 같습니다.

"시우야, 넌 언니도 못 가게 하면서, 네 아빠는 맨날 혼자 자냐? 불쌍하다!"

"할머니도 느껴봐야 해."

"뭘?"

"아빠가 얼마나 코를 많이 고는 줄 알아?"

"네 아빠 불쌍하다."

"그래서 내가 아침에 신경 써줘. 저녁에는 신경 못써줘."

"어떻게 신경 써 주는데?"

"으음, 뽀뽀해 줘."

아이는 입을 뾰족하게 모으고 뽀뽀하는 시늉을 합니다. 녀석이 보기에도 제 아빠가 혼자 자는 것이 안돼 보이는 모양입니다. 그래서 출근하는 아빠에게 뽀뽀 서비스를 하는가 봅니다.

"네 아빠 코 수술하라고 해야겠다."

"아냐, 아빠는 코딱지를 안 파서 그래."

"나도 코가 막히면 코 골려고 하는데 코딱지 파니까 안고는 거야."

"그래? 언니랑 엄마는?"

"언니랑 엄마도 어쩌다 코딱지 파. 그러니까 코 안 골아. 그런데 아빠는 안 파."

"그렇구나. 네 아빠한테 코딱지 좀 파라고 해야겠다."

"응."

아들놈이 코딱지를 안 파서 코를 곤다는 사실을 처음 안 나는 혼자 웃었습니다.

아빠가 코딱지 안 파서

✦ 저도 방귀 뀌면서 (2021.03)

아침밥을 먹으며 작은 녀석이 방귀를 뀌었습니다. 언니의 얼굴색이 변합니다.

"더러워."

그런데 조금 있다가 작은 녀석이 연달아 방귀를 뀌었습니다. 나는 혹시나 녀석이 뱃속이 좋지 않은가 싶었습니다. 언니는 언성이 높여 소리를 질렀습니다.

"더럽게 밥 먹을 때 방귀 뀌냐?"

아침은 그렇게 끝났습니다. 두 녀석 다 밥도 잘 먹고, 새 학년이 된 기분으로 발걸음도 가볍게 학교로, 유치원으로 갔습니다.

저녁에 작은 녀석에게 물었습니다.

"유치원 가서 배 아팠니? 응가 했니?"

응가도 안 하고 배도 안 아팠답니다. 다행입니다.

"언니가 저는 방귀 안 뀌는가? 너보고 방귀 뀄다고 더럽다고 하더라. 그치!"

언니라면 무서워서 안 듣는 데서도 나쁜 소리 안 하는 녀석이 한 마디 합니다.

"저는 방귀 안 뀌나?"

아마 내 말을 흉내 낸 것일 겁니다. 절대 언니를 비방한 말은 아닙니다.

✦ 할머니, 그러지 마 (2021.03)

내가 집안에 들어서자 문 앞에서 기다리고 있던 작은 녀석이 오늘 유치원에서 속상했던 이야기를 합니다.

"할머니, 오늘 유치원에서 ○○가 나보고 뭐라고 했다!"

"그 녀석이 뭐라고 했는데?"

짐짓 같이 화를 내듯이 언성을 높여 물었습니다.

"내가 문을 이렇게 닫으려고 하는데…"

직접 문을 닫는 시늉을 합니다.

"네가 문을 닫으려고 하는데?"

나는 또 언성을 높여 되묻습니다.

"나보고 바보 같은 것이 문 닫는다고 했어."

"이런 나쁜 놈 같으니, 문 닫는 사람이 왜 바보야. 지가 바보지."

"그리고 내 머리를 이렇게 탁 때렸어."

제 머리를 주먹으로 쥐어박는 흉내를 냅니다.

"이런 나쁜 놈, 선생님께 당장 전화해서 혼내주라고 해야겠다."

막 전화라도 할 듯이 화를 내며 말했습니다. 그러면서 아이를 살폈습니다. 아이는 좀 난처한 표정을 지었습니다.

"할머니, 그러지 마. 그러면 ○○는 동생 반으로 쫓겨나. 그러지 마."

이렇게 착하기만 한 아이를 어찌해야 할까요?

누구를 닮아 이렇게 착한 마음, 남을 생각하는 마음을 갖게 되는 지 모르겠습니다. 분명 친탁은 아닌데….

내 친구들이야

✦ 내가 15년 전에 들은 그 소리 (2021.03)

집에만 있다가 학교에 가게 되니 아이의 발걸음에 날개를 달았습니다. 입에서는 종달새 소리가 납니다.

학교에 다녀온 아이에게 물었습니다.

"오늘 재미있었니?"

"할머니, 책도 13권이나 돼. 영어도 있고, 체육도 있어."

3학년이 되어 교과서가 많아지고 과목도 늘어난 것에 흥미를 느낀 모양입니다.

"우리 반 아이들이 서른세 명이나 돼. 서른다섯 명 되는 반도 있어."

비록 마스크를 쓰고 투명 가림막 안에 갇혀서 공부하지만 새로운 친구를 만나는 것이 좋았나 봅니다.

"나는 2분단 첫 번째에 앉아. 그리고 우리 선생님은 다른 곳에서 오셨대. 그리고 남자 선생님이야."

초등학교에서 남자 담임 선생님은 한 학년에 한두 명 정도밖에 되지 않습니다. 아이들의 성격이 여성화되어 가는데 담임도 여자가 6학년까지 맡게 되는 것을 좋아하지 않는 학부모가 종종 있습니다.

"참 좋겠다." 남자 선생님이라 코로나 끝나면 운동장에서 놀이도 자주 할 것이라고 좋아합니다.

"근데 할머니, 오늘 하나도 재미없있어."

"왜?"

"선생님이 공부 안 가르쳐 주었어, 그래서 내가 선생님께 공부하는 것보다 재미없다고 했어."

아이의 그 말을 듣고 내가 15년 전, 4학년을 담임했을 때 오○○가 하던 말이 떠올랐습니다.

"선생님, 공부는 언제 해요?"

나도 현직에 있을 때 학년 초에는 학습 계획, 내 교육관, 아이들이 지켜주어야 할 규칙 등을 이야기하며 하루를 보냈고, 교과서를 처음 시작할 때는 전체적인 학습 운영에 대하여 아이들과 같이 죽 훑어보곤 했는데, 그게 재미없고 시간 낭비라 생각했던 모양입니다.

녀석은 그 후 다른 아이들처럼 자기 속내를 이야기하게 되었지만 처음에는 느리적거리는 할머니 선생님이 마음에 안 들었던 모양입니다.

우리 아이의 말로 나는, 15년 전 38명의 4학년 7반 아이들이 보고 싶어졌습니다.

✦ 나를 기다리는 사람 (2021.04)

내가 서천에 가서 한 일주일 있다 오겠다고 했더니 큰 녀석이 잠깐만 기다리라고 하며 그림을 그립니다.

작은 녀석은 내 옷자락을 잡고

"할머니 보고 싶을 거야. 빨리 와." 하고 말합니다.

큰 녀석이 연필로 급히 그린 것은 제 자화상입니다.

"할머니, 나 보고 싶으면 이 그림 봐요."

잠깐 그렸는데 제 얼굴과 많이 닮았습니다.

기다릴 테니 빨리 오라고 합니다. 보고 싶어질 거라고 합니다. 기다린다는 말에 나는 아이들을 안아주었습니다. 늙고 이제는 오라는 데도 없고, 내가 낳은 자식도 나를 기다릴지 모르는데, 빨리 와서 저희와 놀자는 말에 가슴이 뜨거워집니다. 저희와 같이 놀아주니 그럴 거라는 생각이 들지 모르지만, 아이들은 제 맘에 들지 않는 사람 더러 같이 놀자고 안 합니다.

내가 죽으면 아이들은 기다리진 않겠지요. 생각하겠지요. 잠깐씩 생각하겠지요. 그렇게 잠깐이라도 생각해 주는 것이 내가 이 세상에 왔다 간 흔적일 것입니다. 누군가 나를 생각해 줄 사람을 두고 떠나는 것도 행복일 것입니다.

✦ 약속은 지켜야 해 (2021.04)

아이들이 한참 뛰어놀더니 큰 녀석이 요구르트를 달라고 합니다.
"나도." 작은 녀석도 말합니다.

요구르트를 건네받은 작은 녀석을 보고 큰 녀석이 질겁을 하며
요구르트를 주면 안 된다고 합니다. 약속을 지키지 않았기 때문에
엄마가 어떤 간식도 먹지 말라고 했답니다.

아까 낮에 시우가 잔치국수 해달라고 해서 엄마가 해주었는데 조
금밖에 안 먹었답니다. 그래서 엄마한테 혼나고 간식 안 먹기로 약
속했답니다.

작은 녀석이 말없이 요구르트병을 내밉니다. 괜찮으니 어서 먹으
라고 했더니 자기는 물을 먹겠답니다.

"난 원래 물 먹고 싶었어."

자존심을 세웁니다. 물이 요구르트보다 나을 수 있습니다. 그렇
지만 요구르트를 마시고 싶을 것 같아서 다시 내밀었지요. 녀석은
외면하며 '물' 하고 큰소리를 합니다.

물컵을 건네주었더니 벌컥벌컥 마십니다. 그렇지만 표정이 좋지
는 않습니다. 물을 한 모금 마신 입이 뽀족이 나왔습니다.

✦ 아들이 정시 퇴근 한 날 (2021.04)

아들이 일찍 퇴근했습니다. 수요일은 다른 날보다 좀 빠르기는 해도 8시가 안 돼서 퇴근하는 것은 처음입니다. 웬일인가 의아해하는 나를 보고 오늘은 칼퇴근했다고 합니다.

아들은 태권도 대회에서 손녀가 1등 한 동영상을 나한테도 보내주었습니다.

"집에 마누라 기다리겠다 딸 태권도 평가(학원 내 평가)에서 1등 갔겠다 기분 좋겠구나."

오늘은 며느리가 일이 있다며 휴가를 냈습니다. 오랜만에 아들네 가족이 둘러앉아 저녁 식사를 할 수 있게 되었습니다. 물론 나는 우리 집에 가야지요.

아들의 발걸음이 다른 날보다 훨씬 가벼웠을 것입니다. 누군가는 저녁이 있는 삶을 만들어주겠다고 외치기도 했었는데…, 쉽지 않은 일입니다.

큰 녀석은 자기가 하고 싶은 일에 최선을 다합니다. 그리고 결과도 좋습니다. 아이들이 잘하면 부모는 '조금 더' 하고 요구하게 되지요. 아이가 좋아하는 영역 이외의 영역까지 욕심을 내게 됩니다. 체육 잘하면 공부도 잘하라고 하고, 그림도 잘 그리고, 글도 잘 쓰라고 합니다.

뭐든지 잘해서 부모님을 기쁘게 해드리겠다는 마음이 사춘기쯤 가서 흔들리더군요. 부모가 최선을 다해 살며 사랑하는 마음이 여전하다는 것을 알면 아이들도 크게 벗어나지 않습니다. 그렇다고 초등학교 시절에 가졌던 희망 사항을 아이들에게 요구해서는 안 되겠지요. 아이들의 성장은 다양하여 부모가 원하는 대로 되지 않는 경우가 많습니다. 우리 아들 내외도 아이에게 너무 큰 욕심을 갖지 않았으면 좋겠습니다. 약간은 풀어줘도 좋을 것 같은데….

나 트로피 받았어

✦ 할머니, 나 의사 안 할래 (2021.05)

언니의 희망이 자꾸 바뀌는 동안 작은놈은 꾸준히 의사가 되겠다고 했는데 갑자기 변했습니다.

"왜, 너 의사 된다고 했는데, 왜 바뀌었니?"

아이는 갑자기 울먹거립니다.

"나 의사 안 할래."

"안 해도 돼. 그럼 뭘 하고 싶은데?"

"나는 과학자 도와주는 사람이 될 거야."

언니가 회사원에서 디자이너로, 태권도 사범에서 피아노 선생님으로 자꾸 바뀌더니 이젠 과학자가 되어야겠다고 합니다.

언니가 과학자 되면 같이 도와주고 싶어서 그런가보다 싶었습니다. 언니가 하는 대로 따라 하는 것을 좋아하거든요. 아직 뭐가 뭔지 모르기도 하지만 언니가 하는 것이 모두 옳고 좋아 보이기 때문일 것입니다.

"전에는 왜 의사가 된다고 했는데?"

아무 말 하지 않았지만 언젠가 제 언니가 한 말이 생각납니다. '의사 된다고 하니까 엄마가 좋아해서 그러는 거야.'라고

"시우야, 너도 과학자가 되어 언니랑 세상에 없는 새로운 것을 발명하면 좋겠다. 그런데 하라는 대로 하는 것은 돕는 것이 아니야. 너도 언니랑 똑같은 과학자가 되어야 서로 도울 수 있는 거야."

나는 한참 동안 녀석에게 네가 최고라는 말을 되풀이했습니다.

"넌 누구보다 예쁘고, 착하고, 귀엽고, 사랑스럽고, 넌 최고야."

"언니는?"

물론 세상에서 언니는 하나뿐이고, 착하고, 예쁘고, 사랑스럽고 최고라고 말해주었습니다. 아이의 희망이 바뀌기 시작했으니 수없이 바뀌고 요동치며 자신의 길을 찾아가겠지요.

나 의사 안 할래

✦ 정말 아이들을 위한 것 (2021.05)

아들과 며느리는 회사 버스로 한 시간 거리인 이곳에 집을 마련하였습니다. 회사 부근보다 여기가 교육환경이 좋기 때문이랍니다. 그래서 아침 일찍 셔틀버스로 출근하고, 며느리는 저녁에, 아들은 일주일에 두 번 야근하고 늦은 시각에 집에 도착하는 것이 일상입니다.

저희 깐에는 무리해서 마련한 집이지만 아들이 집에 머무는 시간은 잠자는 시간밖에 없습니다. 며느리 역시 비슷하고요.

아들 내외가 중요시한 좋은 교육은 무엇인지 생각해봅니다. 요즘 젊은 부모들은 좋은 학교보다 좋은 학원이 많은 곳이 좋은 교육환경이라고 한답니다. 주위에 좋은 학원이 많아야 아이들이 좋은 교육 혜택을 받을 수 있고, 좋은 상급학교에 진학할 수 있기 때문이랍니다. 궁극적으로 자녀들이 좋은 직업을 갖기를 원합니다.

아이들은 학교에서 공부를 합니다. 그리고 학원을 몇 군데 돕니다. 집에 아무도 없기 때문에 아이가 일찍 오게 되면 부모는 오히려 불안해집니다. 아이들 학원과 유치원에서 돌아올 시각이면 이모님이 옵니다. 그녀는 아이들이 자신의 자식을 학원에 보낼 수 있는 도구라고 생각합니다.

교육은 부모와 학교, 지역사회가 같이해야 합니다. 부모와 같이 많은 시간을 보내는 것이 가장 좋은 교육이라고 생각합니다.

나는 아이들이 자랄 때 직장을 그만뒀지만, 지금 생각하면 그것이 좋은 방법이었는지 확신은 서지 않습니다. 그래도 가능하면 부모와 자녀들이 많은 시간을 같이 보내는 것이 좋은 교육이라는 생각은 변함없습니다.

　좋은 교육을 위해 좋은 장소에 집을 마련하였지만, 아이들과 같이 있는 시간이 없는 것이 과연 아이들에게 좋은 교육인지 생각해 봅니다.

행복한 우리 가족